"十三五"职业教育国家规划教材
中等职业学校创新示范教材

园 林 测 量

邵淑河 编

中国林业出版社
China Forestry Publishing House

图书在版编目(CIP)数据

园林测量／邵淑河编. —北京：中国林业出版社,2019.10(2025.3 重印)
"十三五"职业教育国家规划教材　中等职业学校创新示范教材
ISBN 978-7-5038-8221-0

Ⅰ.①园…　Ⅱ.①邵…　Ⅲ.①园林–测量学–职业教育–教材
Ⅳ.①TU986

中国版本图书馆 CIP 数据核字(2015)第 250172 号

责任编辑：曾琬淋

出版发行	中国林业出版社
	（100009,北京市西城区刘海胡同 7 号,电话 010-83143630）
电子邮箱	cfphzbs@163.com
网　　址	www.cfph.net
印　　刷	北京中科印刷有限公司
版　　次	2019 年 10 月第 1 版
印　　次	2025 年 3 月第 6 次印刷
开　　本	710mm×1000mm　1/16
印　　张	8
字　　数	145 千字
定　　价	42.00 元

前　言

　　本教材内容编写贯彻"以工作过程为导向"的课程改革理念，以园林工程施工中的高程测量、角度测量、距离测量、坐标测量 4 个基本测量技能为主线进行单元划分，每个单元又以真实的工作任务为载体，任务设计上突出典型性、实践性、实用性，并注重工作过程中长期积累的经验、技巧等隐性知识的呈现。

　　本教材内容共分为 6 个部分，分别是：园林测量概述、高程测量与测设、角度测量与测设、距离测量与测设、坐标测量与测设、园林工程施工测量。每个单元开头配有单元介绍和单元目标，结尾附有单元小结、单元练习和技能考核。全书图文并茂、通俗易懂，具有较强的实用性与可操作性。

　　本教材可作为中等职业学校园林技术及相关专业的教学用书，也可用于园林工程施工人员的岗位培训。

编者

2019 年 4 月

目　录

前言
园林测量概述 ·· 1
单元一　高程测量与测设 ·· 7
　　任务一　认知水准测量仪器、工具——自动安平水准仪、水准尺 ········· 9
　　任务二　一个测站水准测量实施 ··· 17
　　任务三　连续测站水准测量实施 ··· 22
　　任务四　闭合水准路线测量成果校核 ·· 26
　　任务五　园林施工高程测设 ·· 31
单元二　角度测量与测设 ·· 39
　　任务一　认知角度测量仪器——光学经纬仪 ································· 41
　　任务二　经纬仪水平角测量实施 ··· 48
　　任务三　经纬仪竖直角测量实施 ··· 53
　　任务四　园林施工水平角测设 ·· 58
单元三　距离测量与测设 ·· 65
　　任务一　钢尺法平坦地面水平距离测量 ·· 67
　　任务二　TKS202 全站仪距离测量实施 ······································· 71
　　任务三　直线方向的表示与测定 ··· 74
　　任务四　园林施工水平距离测设 ··· 78
单元四　坐标测量与测设 ·· 85
　　任务一　闭合导线控制点坐标测量 ·· 87
　　任务二　TKS202 全站仪地物碎部点坐标测量 ······························ 95
　　任务三　TKS202 全站仪地物点坐标测设 ··································· 106
单元五　园林工程施工测量 ·· 113
　　任务一　园林植物种植点位测设 ·· 115
　　任务二　方格网法水平场地平整测量 ·· 119
参考文献 ··· 124

园林测量概述

测量学是研究地球的形状和大小以及确定地面（包括空中、地下和海底）点的空间位置及其属性关系的科学。

一、测量学分类

根据测量学所针对的研究对象、应用的领域范围，可以将测量学分为以下几门分支学科。

普通测量学：以地球表面较小区域（半径 10km 以内）为测量对象，研究此区域内测绘工作的基本理论、仪器和方法的学科。其特点是：在此区域内进行测量、计算和制图时，可以不顾及地球的曲率，把该区域的地面简单地当作平面处理，而不致影响测图的精度。

大地测量学：又称为测地学，是以全地球或相当大的地球表面为测量对象，研究和测定地球形状、大小、地面点位及地球重力场的理论、技术和方法的学科。

工程测量学：以普通测量学为理论基础，研究具体某方面工程建设在勘查设计、施工放样和工程管理等各阶段所进行的各种测量工作的学科。

由此可以给出以下定义：园林测量是以普通测量学的基本理论、技术、方法为依据，研究园林工程建设在勘查设计、施工放线、竣工资料整理等阶段所进行的各种测量工作，属于工程测量的学科范畴。

二、测量在园林建设中的应用

测量在园林建设中的应用非常广泛,贯穿于园林建设全过程之中。

①在园林建设整体规划、设计之前,需要有拟建地区的基础资料供规划、设计部门使用,如该地区地面的高低起伏、坡向和坡度的变化情况,以及区内道路、水系、房屋、管线、植被等地物的分布情况等,而这些资料,都是通过测量工作绘制的地形图、平面图和断面图获得的。

②在园林建设施工过程中,需要把设计图纸上已经设计好的各项园林工程的位置准确地标定在实地上。这步工作是借助各类测量仪器并应用测量原理和方法来实现的。

③园林建设工程结束后,还需要测绘竣工图,为今后管理、维修和扩建等工作提供资料。

三、园林测量的主要任务

综上所述,园林测量在园林建设过程中所承担的任务可以归纳为如下两个方面。

测绘:就是测绘图纸,即把地面上的地物和地貌按照规定的比例测绘到图纸上,供工程建设使用。

测设:也称放样,是把图纸上已经规划和设计好的工程或建筑物的位置准确地标定到地面上,作为施工的依据。

四、园林测量课程的主要学习内容

通过本课程的学习,能够运用普通测量学的基本原理,使用常规测量仪器,完成地面点高程、角度、距离、坐标的测量与测设工作,具有园林工程施工放样、园林工程平面图(竣工图)的测绘等实际技能。

五、测量工作的基本特点

(1)动手性 任何测量工作都是借助各种测量仪器、工具来完成的。要做好测量工作,就必须掌握测量仪器的构造并能熟练操作仪器,同时测量人员要注意爱护测量仪器,养成爱护仪器、正确使用仪器的良好习惯。

(2)严谨性 测量工作是一项非常严谨的工作,因此测量记录内容必须真实、完善,书写要清楚、整洁,要特别注意保持测量数据的原始性,不得随意更改测量数据或测量成果。

（3）**关联性**　测量工作每个工作环节之间都具有很强的关联性，一个观测环节发生错误就会影响到下一工作环节，甚至影响到整个测量成果。因此，每一工作步骤和环节都要求有检查、有校核，发现错误或不符合精度要求的观测数据，要查明原因，及时返工重测。

（4）**团队性**　测量工作是一项集体性很强的工作，必须以队、组的形式集体完成，组内成员之间既要合理分工，又要密切配合，只有团结协作才能顺利完成工作任务。

六、地面点位置的表示方法

园林测量的核心工作是测定地面点的位置，而地面点的位置又是由它的平面位置（坐标）和空间位置（高程）确定的。

1. 地面点平面位置表示——坐标

地面点坐标因投影面及测量范围的不同而分为地理坐标和平面直角坐标。

（1）**地理坐标**　地理坐标是由经过地球表面任意一点的经线及纬线构成的一个球面坐标系统，用经纬度值表示。用地理坐标表示地面点位具有绝对性与唯一性的特点，因此又称为绝对坐标。

图1所示为北京市天坛公园祈年殿处的地理坐标值：东经116°24′23.83″、北纬39°52′56.15″。

图1　地理坐标表示地面点位置

（2）**平面直角坐标**　当测区范围较小时，可不必考虑地球曲率的影响，而将大地水准面看作水平面，此时可用平面直角坐标来表示地面点的位置。

建立平面直角坐标系的方法是：

①以过测区原点的南北方向为坐标系的纵轴，用 x 表示。

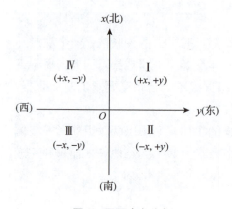

图2 平面直角坐标

②以过测区原点的西东方向为坐标系的横轴,用 y 表示。

③该坐标系的象限排列次序为顺时针。

④在该坐标系内,地面上各点的位置统一用坐标值 (x, y) 表示。

用平面直角坐标表示的是地面点的相对位置,因此又称为相对坐标,如图2所示。

2. 地面点的空间位置表示——高程

所谓高程,是指地面点到水准面的垂直距离,用 H 表示,具体又分为绝对高程和相对高程两类。

(1)绝对高程 地面点到大地水准面的垂直距离称为该点的绝对高程(或海拔),如图3中的 H_A 和 H_B。

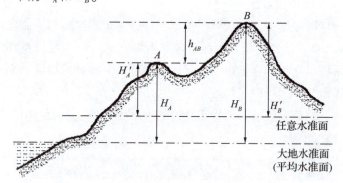

图3 高程和高差关系示意图

(2)相对高程 地面点到某任意水准面的垂直距离称为该点的相对高程(或假定高程),如图3中的 H_A' 和 H_B'。

(3)高差 地面上两点间的高程之差称为高差,用 h 表示。如图3中,A 点高程为 H_A,B 点高程为 H_B,则 A、B 两点间的高差 $h_{AB} = H_B - H_A$。

知识链接:

1. 水准面:假定地球表面海水处于"完全"静止状态时,把海水面延伸到大陆内部的包围整个地球的连续曲面,称为水准面。

2. 大地水准面:由于潮汐的影响,海水涨落时高时低,所以水准面有无数个,其中与平均水准面相吻合的水准面称为大地水准面。

大地水准面是测量工作的基准面,我国以青岛验潮站的长期观测资料推算出的黄海平均海水面作为我国计算绝对高程的大地水准面,其高程为 ± 0m。

3. 国家水准原点：出于实际测量工作需要，国家在青岛验潮站附近建有国家水准原点。根据青岛验潮站1952—1979年的验潮数据推算出黄海平均海水面并据此推算出国家水准原点的高程为72.260m（图4），该高程被命名为"1985国家高程基准"，自1987年开始使用。

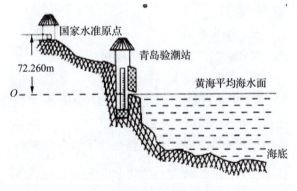

图4　国家水准原点示意图

单元小结

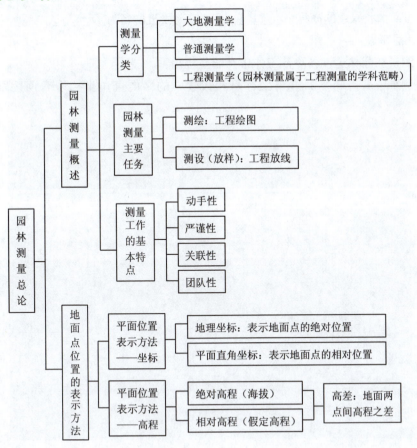

单元练习

一、基本概念

高程　绝对高程　相对高程　高差

二、填空

1. 园林测量在园林建设过程中所承担的任务可以归纳为_____和_____两个方面。

2. 园林测量的核心工作是测定地面点的_____。

3. 地面点的位置，是由它的_____位置和_____位置确定的。

4. 地面点的平面位置是用_____表示的；地面点的空间位置是用_____表示的。

5. 根据青岛验潮站1952—1979年的验潮数据推算出黄海平均海水面并据此推算出国家水准原点的高程为_____m，该高程被命名为_____。

三、思考题

1. 测量在园林建设各环节工作中有哪些应用？

2. 测量中采用的平面直角坐标系和数学中的平面直角坐标系有何区别和联系？

单元一
高程测量与测设

单元介绍

通俗地说，地面点高程就是地面点的高度，它是确定地面点空间位置的一个重要测量因素。

在园林测量工作中，高程测量与高程测设是互为相反的一个测量工作过程。所谓高程测量，是指利用测量仪器测定出地面点高度的工作过程；所谓高程测设，则是指借助测量仪器将已知高程的地面点的高度在现场标定出来。在园林工程施工过程中，铺设道路、广场、平整场地、堆山挖湖、铺设建筑地基等，都离不开地面点高程的测量与测设工作。

本单元围绕地面点高程的测量与测设工作组织了 5 个学习任务，主要学习内容有：高程测量仪器的构造与使用方法；水准仪高程测量的观测、记录、计算、校核方法；水准仪高程测设的施测方法。

单元目标

1. 理解高程测量的含义。
2. 理解水准测量的施测原理，掌握水准仪的构造与使用方法。
3. 能够完成水准仪地面点高程测量的具体观测、记录、计算与校核检验。
4. 能够利用水准仪完成地面点高程测设的具体施测工作。
5. 形成园林工程施工中地面点高程测量与测设的职业工作能力。

单元导入

测定地面点高程的工作称为高程测量,它是园林工程测量的基本工作之一。高程测量按其使用的仪器和测量方法的不同又分为水准测量、三角高程测量和气压高程测量等若干种观测方法。

用水准仪进行的高程测量称为水准测量,是目前应用最广泛、测量精度最高的一种高程测量方法。在园林工程测量中普遍采用水准测量的方法来测定地面点高程。

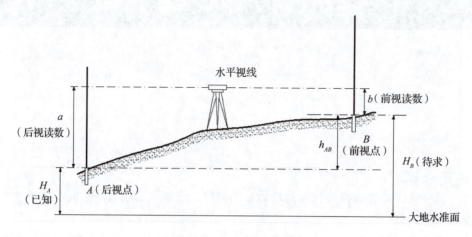

图 1-0-1　水准测量原理

水准测量的原理是:利用水准仪提供的水平视线,借助水准尺读取读数来测定出地面上两点间的高差,然后根据其中一个点的已知高程来推算出另一个未知点的高程。

如图 1-0-1 所示,地面 A 点高程为已知,要观测出 B 点高程,则:

①在 A、B 两地面点上分别竖立水准尺,在 A、B 两点大致中间位置安置水准仪,然后根据水准仪提供的水平视线在 A、B 两地面点的水准尺上分别读得读数 a 和 b。

②通常规定,已知高程的地面 A 点称为后视点,水准仪在该点水准尺上的读数 a 称为后视读数;待求高程的地面 B 点称为前视点,水准仪在该点水准尺上的读数 b 称为前视读数。

③A、B 两点间的高差等于前后两个水准尺读数之差。即:

$$h_{AB} = 后视读数 - 前视读数 = a - b$$

④根据 A 点已知高程和 A、B 两点之间的高差 h_{AB},即可计算出 B 点高程:

$$H_B = H_A + h_{AB} = H_A + (a - b)$$

小贴士：

计算高差时必须是用后视读数 a 减去前视读数 b，因此高差 h_{AB} 的值可能是正数，也可能是负数。如图 1-0-2 所示，当 $a>b$ 时高差必为正值，表明此时待求点 B 高于已知点 A；当 $a<b$ 时高差必为负值，表明此时待求点 B 低于已知点 A。

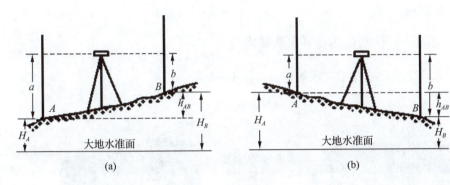

图 1-0-2　高差计算

任务一　认知水准测量仪器、工具

——自动安平水准仪、水准尺

水准仪是通过建立水平视线测定地面两点间高差的仪器。按结构可分为微倾水准仪、自动安平水准仪、电子水准仪。按精度可分为精密水准仪和普通水准仪。

水准尺是水准测量中配合水准仪测定地面点高差时使用的标尺。

【任务描述】

自动安平水准仪是指在一定的竖轴倾斜范围内，通过补偿器自动安平望远镜视准轴的水准仪。较之传统微倾水准仪具有构造简单、操作快捷等优点，能广泛应用于国家三、四等控制水准测量，以及地形测量和各类工程水准测量。

本任务以 AL222 自动安平水准仪为例，通过对该仪器的实物认知和具体操作，达到掌握水准仪的构造与使用方法，并能正确识读水准尺读数的目的，为后续水准测量与测设的实际工作打下技术基础。

【任务目标】

1. 辨识并熟知自动安平水准仪的主要部件名称与功能作用。
2. 认识水准尺的刻画形式。

3. 熟练掌握水准仪的整平方法及水准尺的读数方法。

【任务流程】

认知自动安平水准仪构造—认知水准尺刻画注记—自动安平水准仪整平—自动安平水准仪读数

【任务实施】

环节一：认知自动安平水准仪构造

AL222 自动安平水准仪的构造如图 1-1-1 所示。

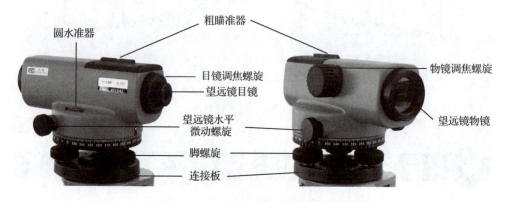

图 1-1-1　AL222 自动安平水准仪构造

（1）望远镜物镜　用于将目标水准尺的影像成像于望远镜内。

（2）物镜调焦螺旋　用于调节望远镜内目标水准尺影像的清晰度。

（3）望远镜目镜　用于观察望远镜内目标水准尺及十字丝影像。

（4）目镜调焦螺旋　用于调节望远镜内十字丝影像的清晰度（图 1-1-2）。

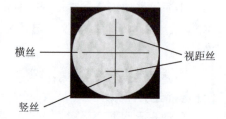

图 1-1-2　十字丝影像图

知识链接：

望远镜十字丝刻画在望远镜内一块称为十字丝分划板的玻璃片上，由相互垂直的两条长线构成，其中竖直的一条称为竖丝，水平的一条称为中丝。

在中丝的上、下还对称地刻有两条与中丝平行的短横线，是用来测量距离的，称为视距丝。由视距丝测量出的距离就称为视距。

（5）望远镜水平微动螺旋　用于控制调节望远镜在基座水平面上的轻微旋

转，以便精确瞄准目标水准尺。

（6）圆水准器　用于调节显示水准仪的粗略整平。如图1-1-3所示，圆水准器是一个封闭的圆形玻璃容器，顶盖的内表面为一球面，容器内盛酒精、乙醚或两者混合的液体，留有一小圆气泡。容器顶盖中央刻有一个小圈，小圈的中心是圆水准器的零点。当圆水准器的气泡与零点重合时，圆水准器的轴位于铅垂位置，表示气泡居中，此时水准仪粗略水平。

图1-1-3　圆水准器

（7）脚螺旋　调节基座上的脚螺旋可使圆水准器的气泡居中，用于粗略整平水准仪。

（8）粗瞄准器　用于望远镜粗略瞄准目标。

（9）连接板　利用基座连接板上的中心螺旋孔和三脚架上的连接螺旋，可以使仪器与三脚架连接。

环节二：认知水准尺刻画注记

水准尺是水准测量使用的标尺，一般用木材、铝材、铝合金等材料制成，根据构造可以分为直尺、折尺和塔尺，尺长一般为3m或5m。

目前园林工程测量中应用最广泛的为铝合金材质的塔尺。塔尺是由3～5段尺子套接而成，可以伸缩，携带方便，因其形状类似塔状，故常称为塔尺，如图1-1-4所示。塔尺尺身颜色通常为黄白相间，且每个黄白间隔的长度均为1m，如图1-1-5(a)所示。尺面为双面刻画，刻画颜色为黑色。其中尺身正面最小刻画值为5mm，具体刻画注记形式如图1-1-5(b)所示；背面最小刻画值为1cm，具体刻画注记形式如图1-1-5(c)所示。

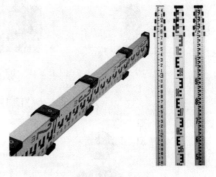

图1-1-4　水准尺（塔尺）

环节三：自动安平水准仪整平

1. 左手法则

圆水准气泡的移动方向与操作者左手大拇指的旋转方向相一致（与右手大拇指旋转方向相反）。

单元一　高程测量与测设

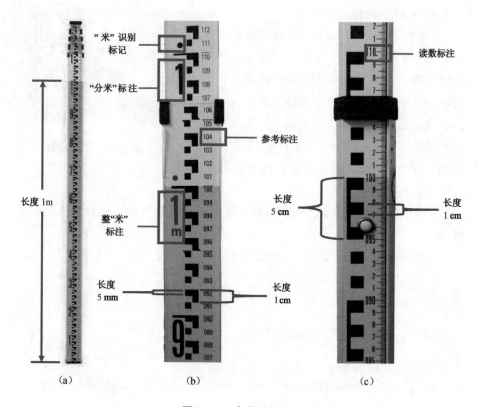

图1-1-5 水准尺刻画

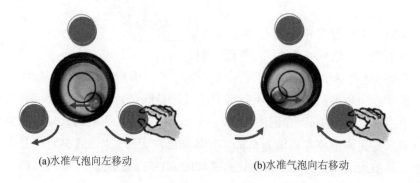

(a)水准气泡向左移动　　　　(b)水准气泡向右移动

图1-1-6 左手法则调节圆水准气泡

如图1-1-6(a)所示,气泡要向左侧移动,则左手大拇指将脚螺旋向左旋转,右手大拇指同时配合此操作,将脚螺旋向右侧反方向旋转。

如图1-1-6(b)所示,气泡要向右侧移动,则左手大拇指将脚螺旋向右旋转,右手大拇指同时配合此操作,将脚螺旋向左侧同方向旋转。

2. 自动安平水准仪读数

（1）视差　当眼睛在望远镜目镜端稍做上下移动观测时，水准尺影像与十字丝有相对移动的现象称为视差。

（2）视差成因　产生视差的原因是水准尺影像没有落在十字丝平面上，如图 1-1-7 所示。

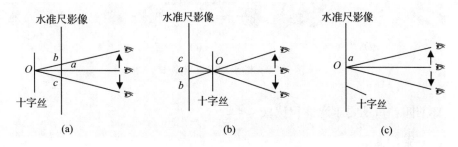

图 1-1-7　视差示意图

3. 自动安平水准仪整平操作

（1）安置三脚架　打开三脚架并使高度适中，旋紧脚架伸缩螺旋，目估使架头大致水平后将其牢固架设于地面上，如图 1-1-8 所示。

（2）安置水准仪　打开仪器箱取出水准仪，置于三脚架头上。一只手扶住水准仪，另一只手旋转脚架上的中心连接螺旋将仪器固连在三脚架头上。

（3）圆水准器整平操作

①操作者站在任意一组脚螺旋面前，旋转水准仪将圆水准器正对自己，并同时使望远镜平行于该组脚螺旋。

②如图 1-1-9（a）所示，气泡未居中而处于 A 处，此时双手同时放在左、右两个脚螺旋上，根据左手法则的原则双手同时调节两个脚螺旋，使气泡移到两脚螺旋连线的中间垂线处，如图 1-1-9（b）所示的 B 位置。

图 1-1-8　三脚架

③继续遵循左手法则原则，单独使用左手调节第三个脚螺旋，使气泡向圆水准器的中心位置移动。

④重复以上②~③步的操作步骤，直到圆水准气泡精确居中，如图 1-1-9（c）所示。

单元一　高程测量与测设　13

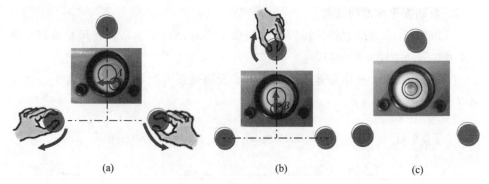

图 1-1-9　圆水准器整平操作

环节四：自动安平水准仪读数

1. 瞄准水准尺

（1）竖立水准尺　在距离水准仪 30～50m 的位置竖立水准尺。

（2）粗略瞄准水准尺

①旋转望远镜，利用粗瞄准器使望远镜粗略瞄准水准尺。

②调节目镜调焦螺旋，使望远镜中十字丝影像清晰。

③调节物镜调焦螺旋，使望远镜中水准尺影像清晰。

（3）精确瞄准水准尺　调节望远镜水平微动螺旋，使十字丝的竖丝精确地对准水准尺侧边或中央。

（4）消除视差　反复调节目镜、物镜调焦螺旋，使十字丝与水准尺的影像同时清晰，此时用眼睛上下移动仔细观察，水准尺与十字丝的影像不再相对移动，即望远镜中水准尺的读数保持稳定不变。

2. 读取水准尺读数

①读取望远镜十字丝中丝位置的水准尺上的读数。

②读取米数及分米数：水准尺上 1m 段以下范围的分米注记上没有任何标记；1m 段以上范围的分米注记上有一个圆点标记；2m 段以上范围的分米注记上有 2 个圆点标注；依此类推。

如图 1-1-10 所示，（a）图中"8"上面没有圆点，表明此处读数为 0.8m；（b）图中"5"上面有一个圆点，表明此处读数是 1.5m；（c）图中"4"上面有两个圆点，表明此处读数是 2.4m。

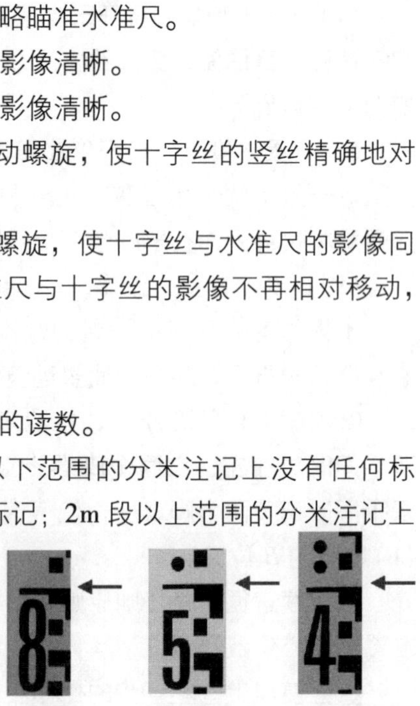

图 1-1-10　水准尺米及分米识读

③根据十字丝中丝所在位置，准确读取厘米数并估读出毫米数。

如图 1-1-11（a）中所示，水准尺读数为 0.804m，（b）中所示的水准尺读数为 1.497m。

小贴士：

①安置仪器时，水准仪与三脚架之间的中心连接螺旋必须旋紧，防止仪器摔落。

②操作仪器时不应用力过猛，脚螺旋、水平微动螺旋等均有一定的调节范围，使用时不宜旋到顶端。

③为防止读数错误，水准尺必须扶直，不得向前或向后倾斜，尺面要正对仪器。

④读数时要注意圆水准器气泡是否精确居中、视差是否消除，不要误读上、下丝。

【技能拓展】认知 EL28 电子水准仪、水准标尺

电子水准仪又称为数字水准仪，它是在自动安平水准仪的基础上，采用条码标尺和新型电子读数系统，通过仪器对条码标尺进行自动读数，并将望远镜中丝的读数结果自动显示在仪器屏幕上。与传统水准仪相比，电子水准仪具有测量操作简便、测量速度快、效率高、测量结果精度高的特点。

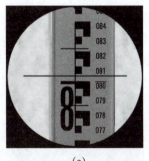

(a)

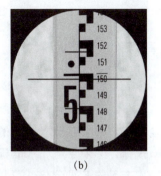

(b)

图 1-1-11　水准尺读数

下面以 EL28 电子水准仪为例，通过对该仪器的实物认知和具体操作，达到掌握电子水准仪的构造与基本操作，并能正确测量水准标尺读数的目的。

1. EL28 电子水准仪的构造（图 1-1-12）

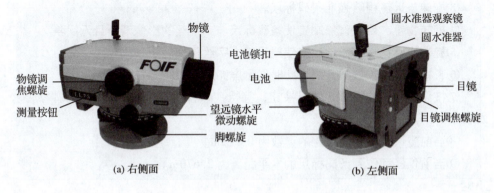

(a) 右侧面　　　　　　　　　　　　(b) 左侧面

图 1-1-12　EL28 电子水准仪构造

单元一　高程测量与测设　15

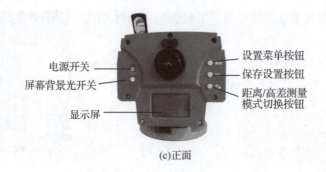

图1-1-12　EL28电子水准仪构造(续)

2. 水准标尺

电子水准仪使用配套的水准标尺,如图1-1-13所示。

水准标尺的正面刻画有用于电子读数的条形码,各型电子水准仪的条码都有自己的编码规律,必须专用。水准标尺的背面刻画有传统水准尺的 E 型分化,可用于传统水准测量的读数操作。

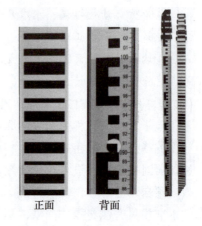

图1-1-13　电子水准仪配套标尺

3. 电子水准仪读数测量方法

①在电子水准仪前方 30～40m 处竖立水准标尺,并将刻画有条形码的一面转向水准仪。

②利用 3 个脚螺旋根据左手法则调节圆水准气泡使其居中,将仪器粗略整平。

③旋转望远镜粗略瞄准条码标尺。

④旋转物镜、目镜调焦螺旋使条码标尺与十字丝的影像清晰且无视差。

⑤旋转望远镜水平微动螺旋使望远镜十字丝正确处于条码标尺中间。

⑥长按电源开关按钮开机,此时显示屏亮起,如图 1-1-14 所示。

⑦按仪器侧面的 MEAS 测量按钮,等待几秒钟后,屏幕上显示出测量结果,如图 1-1-15 所示。

⑧当前望远镜十字丝中丝的读数为 0.913m。

⑨当前仪器点位到条码标尺的水平距离为 2.670m。

小贴士:

按屏幕背景光开关按钮,可以打开(关闭)屏幕背光。

图 1-1-14　显示屏开机显示画面

图 1-1-15　显示屏显示测量结果

任务二　一个测站水准测量实施

【任务描述】

如图 1-2-1 所示，BM_A 点是测量实训场上的一个高程水准点，且其高程为已知（$H_A = 43.468$ m），现需要利用该点高程使用水准仪测量出地面 BM_B 点的高程。

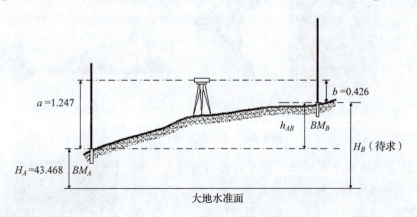

图 1-2-1　一个测站水准测量实施

【任务目标】

1. 理解一个测站水准测量的含义。
2. 掌握一个测站水准测量的工作流程。

【任务流程】

认知一个测站水准测量的含义—安置仪器—读取水准尺读数—计算高差—测量成果校核（改变仪器高法）—推算待求点高程

单元一　高程测量与测设　17

【任务实施】

环节一：认知一个测站水准测量的含义

1. 水准点

用水准测量的方法测定的地面高程点称为水准点（Bench Mark，BM）。要测定水准点的高程，需要先把水准点在地面上的位置明确标定出来。实际测量中水准点的标记可分为临时性水准点标记和永久性水准点标记两类。

（1）临时性水准点标记　临时性水准点标记是指测绘单位在测量过程中设置和使用，工作结束后不需要长期保存的标志和标记。

通常在土质地面上可使用自制木桩打入地下，在其上顶面中间钉一小钉或刻画一个"＋"用于精确标定点位；在铺装地面上可使用红漆绘制标记或使用专用钢钉标记；也可利用地面现有的一些岩石、树桩等固定物体在上面用红漆标记点位，如图1-2-2所示。

(a)木桩　　　(b)红漆绘制　　　(c)钢钉　　　(d)岩石、树桩

图1-2-2　临时性水准点标记

（2）永久性水准点标记　对于永久性水准点一般用混凝土制成标石，深埋在地里冻土线以下，顶部嵌有半球形的金属标志作为该水准点的位置标记，如图1-2-3所示。

2. 测站

在水准测量中，把安置水准仪的位置称为测站。

图1-2-3　永久性水准点标记

3. 一个测站水准测量

当已知高程点到待求高程点之间的距离较近且两点之间通视良好（＜200m）、高差较小（＜水准尺长）时，只需安置一次水准仪，观测一个后视读数和一个前视读数，即能根据已知地面点高程推算出待求地面点的高程，称为一个测站水准测量。

环节二：安置仪器

1. 架设仪器

首先在已知高程 BM_A 点（后视点）和待求高程 BM_B 点（前视点）上分别竖立水准尺，然后在前、后水准尺连线的大致中间位置设置测站，将水准仪架设在测站上。

知识链接：

为防止在一个测站上发生测量错误而导致整个测量结果的错误，可在每个测站内采用一定的观测方法，以检查测站观测的高差数据是否合乎要求，这种校核称为测站校核。常用方法有改变仪器高法、双面尺法。

2. 整平仪器

利用3个脚螺旋，根据左手法则调节圆水准气泡居中，使水准仪粗略整平。

环节三：读取水准尺读数

1. 先瞄准后视水准尺并读数

操作水准仪望远镜精确瞄准后视 A 点水准尺，消除视差后，读取水准尺读数，称为后视读数（$a=1.247$），将观测数据记录到测量记录表（表1-2-1）中。

表1-2-1 一个测站水准测量观测记录

仪器型号：_____ 观测日期：_____ 观测者：_____
观测路线：_____ 观测天气：_____ 记录者：_____

点号	水准尺读数(m)		高差 (m)	平均高差 (m)	高程 (m)	备注
	后视 a	前视 b				
BM_A	1.247		+0.821	+0.820	43.468	高程已知
BM_B		0.426				
BM_A	1.368		+0.819			
BM_B		0.549			44.288	

2. 再瞄准前视水准尺并读数

旋转水准仪精确瞄准前视 B 点水准尺，消除视差后，读取水准尺读数，称为前视读数（$b=0.426$），将观测数据记录到测量记录表（表1-2-1）中。

环节四：计算高差

即：h_{AB} = 后视读数 − 前视读数 = $a-b$ = 1.247m − 0.426m = 0.821m。

环节五：测站校核（改变仪器高法）

对于一个测站的水准测量，通常采用测站校核的方法，对水准测量的观测成果进行检验。

①原地改变一下水准仪的安置高度（高低10cm以上），再次测量一次两点间的高差。

②将两次高差测量结果进行对比，对于普通水准测量，当两次所测高差之差不超过±5mm时可认为合格，取其平均值作为该测站所得高差。如果超过±5mm，则说明测量有误，需要重测。

环节六：推算待求点高程

即：$H_B = H_A + h_{AB} = H_A + (a - b) = 43.468m + 0.820m = 44.288m$。

【技能拓展】

一、电子水准仪高差测量

利用EL28电子水准仪不仅可以直接测得水准标尺读数，而且还可以根据测得的前、后视点的水平读数直接自动计算出两点之间的高差。

①在测站点安置电子水准仪，在前、后视点上分别竖立条码标尺。

②长按电源开关按钮开机，此时显示屏亮起，如图1-2-4(a)所示。

③瞄准后视点上的条码标尺，按仪器侧面的MEAS测量按钮，等待几秒钟后，屏幕上显示出测量结果，如图1-2-4(b)所示。

④旋转望远镜瞄准前视点上的条码标尺后，按屏幕旁的"高差"测量键，屏幕显示如图1-2-4(c)所示。

⑤按仪器侧面的MEAS测量按钮，仪器进入高差测量模式，屏幕如图1-2-4(d)所示。

⑥再次按仪器侧面的MEAS测量按钮，仪器自动计算出前、后视点的高差并显示在屏幕上，如图1-2-4(e)所示。

二、视线高法高程测量

当安置一次仪器需要测出多个前视点的高程时，则利用视线高法计算比较方便。

如图1-2-5所示，已知A点高程$H_A = 43.518m$，要测出相邻1、2、3点的高程。

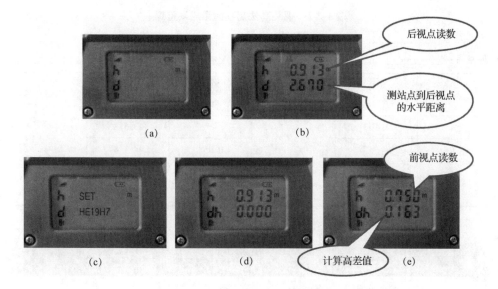

图 1-2-4　电子水准仪高差测量

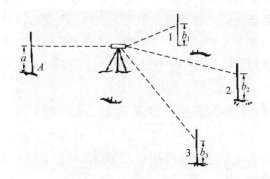

图 1-2-5　视线高法高程测量

①在后视 A 点上立水准尺，测得 A 点后视读数 $a=1.563\text{m}$。

②计算出视线高程 H_i，即：

$$H_i = H_A + a = 43.518\text{m} + 1.563\text{m} = 45.081\text{m}$$

③接着在各前视 1、2、3 点上立水准尺，分别测得读数 $b_1=0.953\text{m}$，$b_2=1.152\text{m}$，$b_3=1.328\text{m}$。

④根据视线高程，再分别计算出各待测点高程，即：

$$H_1 = H_i - b_1 = 45.081\text{m} - 0.953\text{m} = 44.128\text{m}$$
$$H_2 = H_i - b_2 = 45.081\text{m} - 1.152\text{m} = 43.929\text{m}$$
$$H_3 = H_i - b_3 = 45.081\text{m} - 1.328\text{m} = 43.753\text{m}$$

⑤将高程测量成果整理后填入表 1-2-2。

表 1-2-2　视线高法高程测量成果整理

仪器型号：＿＿＿＿＿＿　　观测日期：＿＿＿＿＿＿　　观测天气：＿＿＿＿＿＿

观测者：＿＿＿＿＿＿　　记录者：＿＿＿＿＿＿　　计算者：＿＿＿＿＿＿

点号	后视读数（m）	视线高程（m）	前视读数（m）	地面高程 H（m）	备注
A	1.563	45.081		43.518	高程已知
1			0.953	44.128	
2			1.152	43.929	
3			1.328	43.753	

任务三　连续测站水准测量实施

当已知高程点到待求高程点之间的距离较远或者两点间高差较大，设置一个测站不能测量出两点之间的高差时，则需要设置多个测站，分段连续施测各个测站，把各测站测得的高差累加取其代数和，间接计算出两端点间的高差，并据此推算出待求点的高程，这样一个工作流程称为连续测站水准测量。

【任务描述】

如图 1-3-1 所示，BM_A 点是测量实训场上的一个已知高程水准点（H_A = 42.468m），BM_B 点是待求高程水准点。已知 A、B 两点之间距离较远且高差起伏较大，现要求利用 BM_A 点已知高程数值，使用水准仪正确测量出 BM_B 点的高程，并保证观测数据准确无误。

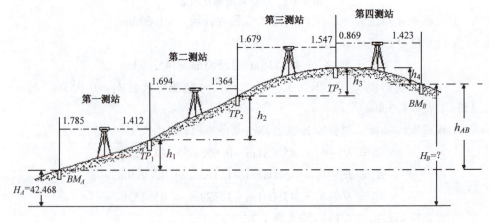

图 1-3-1　连续测站水准测量

【任务目标】

1. 理解连续测站水准测量的含义。
2. 掌握连续测站水准测量的工作流程。
3. 掌握连续测站水准测量观测数据处理(记录、计算)方法。

【任务流程】

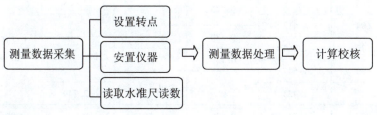

【任务实施】

环节一：测量数据采集

1. 设置转点

在 A、B 两点连线的适当位置设置转点，所选转点位置应土质坚硬、视野开阔。

知识链接：

在已知高程点和待求高程点之间加设的将两点分解为若干个测站的临时立尺点，其作用是传递高程，称为转点，一般用符号 TP 表示(图 1-3-1 中 TP_1、TP_2、TP_3 点)。

2. 安置仪器

在第一测站的 BM_A、TP_1 水准点上分别竖立水准尺，然后在 BM_A、TP_1 点连线的大约中间位置设置测站点，架设水准仪并整平。

3. 读取水准尺读数

①参照一个测站水准测量的观测方法，分别读取第一测站 BM_A 点的后视读数 ($a_1 = 1.785 \text{m}$) 和 TP_1 点的前视读数 ($b_1 = 1.412 \text{m}$)，将观测数据记录到连续测站水准测量观测记录表(表 1-3-1)中。

②将水准仪搬至第二测站，重复上述操作步骤，分别读取出第二测站 TP_1 点的后视读数 ($a_2 = 1.694 \text{m}$) 和 TP_2 点的前视读数 ($b_2 = 1.364 \text{m}$)，将观测数据记录到水准测量观测记录表中。

③重复以上操作步骤，依次测出其余测站各前、后视点的读数并记录到水准测量观测记录表中。

表 1-3-1　连续测站水准测量观测记录

仪器型号：_____　　观测日期：_____　　观测者：_____
观测路线：_____　　观测天气：_____　　记录者：_____

点号	水准尺读数(m)		高差 h(m)		高程 H (m)	备注
	后视 a	前视 b	+	−		
BM_A	1.785		0.373		42.468	A 点高程已知
TP_1	1.694	1.412	0.330			
TP_2	1.679	1.364	0.132			
TP_3	0.869	1.547		0.554		
BM_B		1.423			42.749	
∑	6.027	5.746	0.835	0.554		
检核计算	$\sum a - \sum b = +0.281$		$\sum h = +0.281$		$H_终 - H_始 = +0.281$	计算无误

小贴士：

在第一测站中，BM_A点是后视点，TP_1点是前视点；而在第二测站中，TP_1点的角色发生转变，由前视点变为了后视点；在连续水准测量中，这些既有后视读数又有前视读数的点称为转点。

一个测站观测工作结束后，将仪器搬到下一测站观测结束前，中间转点的位置丝毫不能移动，否则就不能正确传递高程。必要时，在转点上应放置尺垫，在尺垫上放置水准尺。

环节二：测量数据处理

1. 计算各测站高差

根据各测站所观测出来的前、后视读数，利用下式分别计算出各测站的高差，即：

$$h_1 = a_1 - b_1 \quad h_2 = a_2 - b_2 \quad h_3 = a_3 - b_3 \quad h_4 = a_4 - b_4$$

2. 计算 A、B 两点之间的总高差

即：$h_{AB} = \sum h = h_1 + h_2 + h_3 + h_4 = +0.281\text{m}$。

3. 推算待求点 BM_B 点的高程

即：$H_B = H_A + h_{AB} = 42.468\text{m} + 0.281\text{m} = 42.749\text{m}$。

环节三：计算校核

为了保证高差计算及高程推算数据的正确性，应对计算数据进行校核计算，即：

由 $h_{AB} = h_1 + h_2 + h_3 + h_4 = (a_1 - b_1) + (a_2 - b_2) + (a_3 - b_3) + (a_4 - b_4)$

$= (a_1 + a_2 + a_3 + a_4) - (b_1 + b_2 + b_3 + b_4)$

得出 $h_{AB} = \sum h$（各测站高差总和）

$= \sum a$（后视读数总和）$- \sum b$（前视读数总和）

$= H_终$（终点高程）$- H_始$（始点高程）

若以上 3 项计算数值相等，说明本次计算正确无误；若不相等，则说明计算有误，应重新计算。

【知识拓展】水准测量中的注意事项

水准测量的连续性很强，稍有疏忽就容易出错，并且只要有一个环节出现问题，就可能造成局部甚至全部测量成果的报废。因此，无论是观测员、立尺员还是记录员，都必须规范操作、认真检核、密切协作，以保证观测质量。应特别注意以下测量事项：

1. 仪器安置

①测量工作开始前，必须认真检验仪器的误差。

②测站到前、后水准尺的距离要大致相等，视距不得超过 100m，可用视距或脚步量测确定。

③转点要尽量选在土质坚实之处；尺垫踏入地面要平实、稳固，且仅用于转点，仪器搬站前不能移动后视点的尺垫。

2. 整平

①在一个测站上开始读数观测时，圆水准器只能调平一次，以保持前视尺与后视尺的读数都处于同一水平视线上。

②若正在读数，有风吹过或车辆驶过，产生微小震动时，应停止读数，马上检查圆水准器是否还居中。如果圆水准器已不居中，必须废除已读及正在读取的前、后视读数，重新整平后再重新读数，才是正确读数。

3. 扶尺与搬站

①扶尺时，水准尺必须保持竖直，水准尺不能前后或左右倾斜。

②塔尺抽尺时衔接部位数字要准确，并保持稳直。

③搬站时，前视尺的位置就是后视尺的位置，要轻轻地转动，不能提尺，不能移动尺的位置，防止位移。

4. 观测与记录

①读数时，必须用十字丝的中丝对应尺面上的数字读数，不要看到上、下视距丝上；读数要细心、准确。

②读数时要仔细对光，消除视差；应沿数字增大方向读，记录员要大声回读确认。

③避免阳光直射水准器，阳光强烈时观测要撑伞保护，尽量选择好的天气测量。

④记录数据要当场填好，要保持数据记录的原始性，不得涂改原始记录；有误或记错的数据应划去，再将正确数据写在上方，并在备注栏内注明原因，使记录簿干净、整齐。

任务四 闭合水准路线测量成果校核

【任务描述】

如图 1-4-1 所示，BM_A 点是测量实训场上的一个已知高程水准点（$H_A = 42.468m$），现欲测定出其余 1、2、3 点的高程，其中：

①参照任务三中的施测方法，已经依次测定并计算出该水准路线中各测站的高差值（图 1-4-1 中 h_{A1}、h_{12}、h_{23}、h_{3A} 的值）。

②用钢尺依次测定出了各测站前、后视点间的水平距离（图 1-4-1 中 L_{A-1}、L_{1-2}、L_{2-3}、L_{3-A} 的值）。

为保证测量成果的正确性，现需要对测量数据进行校核检验，以保证测量成果符合水准测量的精度要求，从而正确推算出 1、2、3 点的高程。

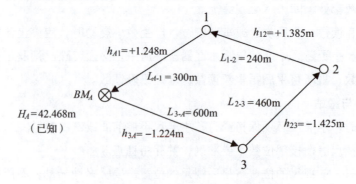

图 1-4-1 闭合水准路线外业测量数据

【任务目标】

1. 理解闭合水准路线的含义。

2. 理解高差闭合差的含义,掌握闭合水准路线高差闭合差及高差闭合差允许值的计算公式。

3. 能够正确进行闭合水准路线测量观测成果的校验、调整工作,保证测量成果的正确性。

【任务流程】

认知水准路线的含义及布设形式—计算高差闭合差—调整高差闭合差—推算各点正确高程

【任务实施】

环节一：认知水准路线的含义及布设形式

1. 水准路线

在水准测量中,由 1~2 个已知高程水准点及若干待测地面高程点所组成的多个测站的观测路线称为水准路线。

2. 水准路线布设形式

(1)闭合水准路线　如图 1-4-2(a)所示,从一个已知高程水准点 BM_A 开始,沿待测高程 1、2、3、4 点进行水准测量,最后又测回到 BM_A 点,这种水准路线称为闭合水准路线。

由于闭合水准路线的起点和终点高程相同,因此沿着闭合水准路线进行水准测量所测得的各测段的高差总和在理论上应等于零,即：

$$\sum h_{理} = H_{终} - H_{始} = 0$$

(2)附合水准路线　如图 1-4-2(b)所示,从一个已知高程水准点 BM_A 开始,

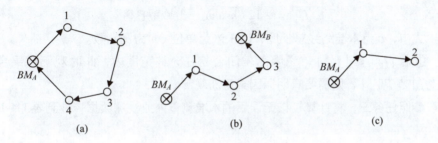

图 1-4-2　水准路线布设形式

沿待测高程1、2、3点进行水准测量,最后附测到另一个已知高程水准点BM_B点上,这种水准路线称为附合水准路线。

沿着附合水准路线进行水准测量所测得的各测段的高差总和理论上应等于两端已知水准点的高程之差,即:

$$\sum h_{理} = H_{终} - H_{始}$$

(3) **支水准路线** 如图1-4-2(c)所示,从一个已知高程水准点BM_A开始,沿待测高程1、2点进行水准测量后,最后既不闭合也不附合到任何已知高程水准点上,这种水准路线称为支水准路线。

由于支水准路线缺少检核条件,因此需要进行往返测量,往返测得的高差应是绝对值相等而符号相反,即:

$$\sum h_{往} + \sum h_{返} = 0$$

环节二:计算高差闭合差

①对于闭合水准路线,理论上:$\sum h_{理} = 0$。

②由于实际测量工作中各种误差的存在,使得实际观测的高差总和不等于零,即$\sum h_{测} \neq 0$。

③实测高差总和$\sum h_{测}$与理论上高差总和$\sum h_{理}$的差值称为高差闭合差,用符号f_h表示,即:

$$f_h = \sum h_{测} - \sum h_{理} = \sum h_{测}$$

④在测量规范中,对于不同等级的水准测量有着不同的精度要求,在普通水准测量中,对高差闭合差(即精度要求)的允许范围规定如下:

$$f_{h允} = \pm 40 \sqrt{L} \text{ mm} \quad 平原微丘区$$

$$f_{h允} = \pm 12 \sqrt{n} \text{ mm} \quad 山岭重丘区$$

式中,L为水准路线总长度,以千米为单位;n为测站数。

⑤若$|f_h| \leq |f_{h允}|$,说明高差闭合差在允许范围内,此时观测成果合格;若$|f_h| \geq |f_{h允}|$,则需要查明原因或重新观测。

参照任务三,将计算校核无误后的水准测量外业观测数据转抄到表1-4-1中。

表 1-4-1　闭合水准测量观测成果计算

测段	点号	距离（km）	高差 h 实测高差（m）	高差 h 改正数（m）	高差 h 改后高差（m）	高程 H（m）	备注
$A-1$	BM_A	0.30	+1.248	+0.003	+1.251	42.468	高程已知
	1					43.719	
$1-2$		0.24	+1.385	+0.002	+1.387		
	2					45.106	
$2-3$		0.46	−1.425	+0.005	−1.420		
	3					43.686	
$3-A$	BM_A	0.60	−1.224	+0.006	−1.218	42.468	
$\sum$		1.60	−0.016	+0.016	0		
辅助计算	$f_h = \sum h_测 - \sum h_理 = -0.016\text{m} = -16\text{mm}$ $f_{h允} = \pm 40\sqrt{L}\text{ mm} = \pm 40\sqrt{1.6}\text{ mm} = \pm 51\text{mm}$ $\lvert f_h \rvert \leq \lvert f_{h允} \rvert$，测量结果符合精度要求，可以进行调整						计算无误

环节三：调整高差闭合差

在同一水准路线上，可以认为观测条件是基本相同的，各测站所产生的误差是相等的，因此在调整高差闭合差时，应将高差闭合差以相反的符号，按与测站距离成正比例分配到各测段的实测高差中，即：

$$v_{h_i} = -\frac{L_i}{\sum L} \cdot f_h$$

式中，L_i 为某一测段路线之长；$\sum L$ 为水准路线总长。

环节四：推算各点正确高程

根据修改后的各测段高差值，可分别推算出闭合水准路线上各待测高程水准点的正确高程数值（参见表 1-4-1）。

【技能拓展】附合水准路线测量成果校核

图 1-4-3 所示为某附合水准路线外业观测的水准测量数据。现需要对测量数据进行校核检验，以保证测量成果符合水准测量的精度要求，从而正确推算出 1、2、3 点的高程。

将图 1-4-3 中的外业测量数据转抄到表 1-4-2 中。

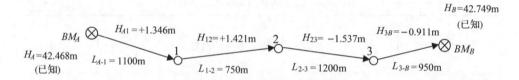

图 1-4-3 附合水准路线外业测量数据

表 1-4-2 附合水准测量观测成果计算

测段	点号	距离（km）	高差 h 实测高差（m）	高差 h 改正数（mm）	高差 h 改后高差（m）	高程 H（m）	备注
A-1	BM_A	1.10	+1.346	-0.010	+1.336	42.468	高程已知
1-2	1	0.75	+1.421	-0.007	+1.414	43.804	
2-3	2	1.20	-1.537	-0.012	-1.549	45.218	
3-B	3	0.95	-0.911	-0.009	-0.920	43.669	
	BM_B					42.749	
∑		4.00	+0.319	-0.038	+0.281		
辅助计算	\multicolumn{7}{l}{$f_h = \sum h_测 - (H_终 - H_始) = 0.319\text{m} - 0.281\text{m} = +0.038\text{m} = +38\text{mm}$ $f_{h允} = \pm 40\sqrt{L}\text{ mm} = \pm 40\sqrt{4}\text{ mm} = \pm 80\text{mm}$ $\lvert f_h \rvert \leq \lvert f_{h允} \rvert$，测量结果符合精度要求，可以进行调整}

1. 计算高差闭合差

①对于附合水准路线，理论上：

$$\sum h_理 = H_终 - H_始$$

②由于实际测量工作中各种误差的存在，实际观测的高差总和与理论上的高差总和不相等，两者之间的差值称为高差闭合差，用符号 f_h 表示，即：

$$f_h = \sum h_测 - \sum h_理 = \sum h_测 - (H_终 - H_始)$$

③高差闭合差的允许范围（即精度要求）与闭合水准路线相同。

2. 调整高差闭合差

参照闭合水准路线高差闭合差调整方法对高差闭合差进行调整。

3. 推算各点正确高程

根据修改后的各测段高差值，可分别推算出闭合水准路线上各待测高程水准点的正确高程数值（参见表 1-4-2）。

任务五　园林施工高程测设

高程测设是根据某个已知水准点高程，将其他地面点的设计高程测设出来，作为施工的依据。

【任务描述】

如图 1-5-1 所示，已知水准点 BM_A 点的高程为 74.753m，B 点为某工程施工点，该点设计高程 75.500m，现欲在 B 点施工木桩上测设出 75.500m 的水平线，作为施工时控制高程的依据。

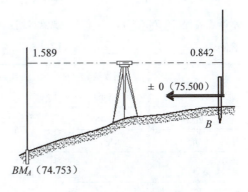

图 1-5-1　高程测设

【任务目标】

1. 理解高程测设的含义。
2. 能够正确完成地面点设计高程的测设操作。

【任务流程】

计算仪器视线高—计算应读前视读数—标定设计高程

【任务实施】

环节一：计算仪器视线高

①安置水准仪于 A、B 两点大致等距离处，整平仪器后，瞄准后视 A 点上的水准尺，得水准尺读数 $a = 1.589$m。

②根据已知水准点高程和测得的后视读数求出仪器水平视线高，即：

$$H_i = H_A + a = 74.753\text{m} + 1.589\text{m} = 76.342\text{m}$$

环节二：计算应读前视读数

根据视线高和设计高程计算出应读前视读数，即：

$$b = H_i - H_设 = 76.342\text{m} - 75.500\text{m} = 0.842\text{m}$$

环节三：标定设计高程

在 B 点木桩侧面竖立水准尺，使尺缓慢上下移动，当水准尺读数恰好为

0.842m 时，则尺底处的高程即为设计高程 75.500m，用笔在木桩上标出。

高程测设的观测、记录、计算过程参见表 1-5-1。

表 1-5-1　高程测设记录

水准点高程：　74.753m　　　　观测日期：　　　　　　观测天气：

观测者：　　　　　　　　　　记录者：　　　　　　　　检查者：

点号	后视读数（m）	视线高程（m）	设计高程（m）	前视应有读数（m）
BM_A	1.589	76.342		
B			75.500	0.842

【技能拓展】高差法测设已知高程

在高程施工测设工作中，经常需要同时测设多个同一高程的点（如抄平地面），为了提高工作效率，可以用一根木杆代替水准尺，进行高程测设工作，此方法称为高差法测设已知高程。

①在测站点安置水准仪，在已知高程水准点（A 点）上竖立木杆，观测者指挥立杆者在木杆上水准仪横丝卡住位置画出上第一道横线（后视 a 点高）。

②计算出设计高程与已知高程之间的高差，即：

$$h = H_{设} - H_A$$

③在木杆上由第一道横线向下量取 h（高差）的距离，并在木杆上画出第二道横线。

④在木桩侧面上下移动木杆，当杆上第二道横线与仪器水平视线重合（十字横丝精确卡住第二道横线），沿木杆底部在木桩侧面画水平线，其高度即为设计高程。

小贴士：

①在木杆上量取高差 h 距离，当 h 为正值时，由第一道横线向下量取第二道横线；当 h 为负值时，则由第一道横线向上量取第二道横线。

②使用木杆测设高程时，应特别注意木杆上、下两头要有明显标记，避免倒立；在进行下一个测量之前，必须清除木杆上的标记，以免用错。

单元小结

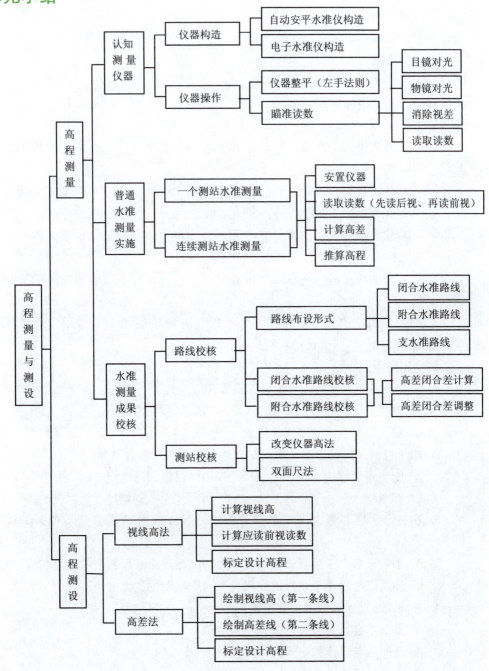

单元练习

一、基本概念

水准测量　左手法则　视差　一个测站　水准路线　高程测设

二、填空题

1. 水准测量的基本原理是利用＿＿＿＿提供的一条＿＿＿＿，借助水准尺上的读数，测定地面两点间的＿＿＿＿，从而由已知点的高程推算出未知点的高程。

2. 以测量前进方向为准，一般规定已知高程点为＿＿＿＿点，待求高程点为＿＿＿＿点。

3. 水准仪上目镜对光螺旋的作用是用于调节水准仪＿＿＿＿影像的清晰度。

4. 望远镜在水平方向的旋转，是通过调节＿＿＿＿螺旋控制的。

5. 水准仪上圆水准器的整平是利用基座上的＿＿＿＿进行调节，调节的原则是气泡运行方向和＿＿＿＿的运行方向相一致。

6. 进行水准测量时，将水准仪安置在＿＿＿＿，可消除地球曲率的影响及多种误差。

7. 在一个测站的水准测量中，为了能及时发现观测中的错误，通常采用＿＿＿＿法和＿＿＿＿法进行观测检核。

三、不定项选择题

1. 在进行水准测量时，水准仪应安置在(　　)。
   A. 前视点位置上　　　　　　　B. 后视点位置上
   C. 前、后视点大致中间的位置　D. 前、后视点中间的任意位置

2. 由于观测人员视力不一致，需转动(　　)使十字丝清晰。
   A. 物镜调焦螺旋　　　　　　　B. 目镜调焦螺旋
   C. 脚螺旋　　　　　　　　　　D. 水平微动螺旋

3. 在进行水准测量时，如果计算出前后视点间的高差值为负值，则说明(　　)。
   A. 前视读数大于后视读数　　　B. 后视点高程高于前视点高程
   C. 前视点高程高于后视点高程　D. 该测站的地形为下坡

4. 在观测水准尺读数时，如果水准尺竖立时向前后倾斜，则(　　)。
   A. 此时水准尺读数大于理论上读数值
   B. 此时水准尺读数小于理论上读数值
   C. 水准尺读数可能增大，也可能减小
   D. 对水准尺读数没有影响

5. 闭合水准路线高差闭合差的计算公式为（　　）。

A. $f_h = \sum h_测$　　　　　　　　B. $f_h = \sum h_测 - \sum h_理$

C. $f_h = 0$　　　　　　　　　　　D. $f_h = \pm 40\sqrt{L}$

四、计算题

1. 某水准测量的观测成果如下图所示，请完成观测表数据的记录与计算工作（计算结果填入记录表中）。

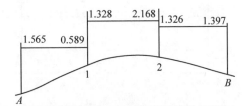

题 1 图

连续水准测量观测记录

点号	水准尺读数(m)		高差 h(m)		高程 H (m)	备注
	后视 a	前视 b	+	-		
∑ 检核 计算						

2. 某闭合水准路线的观测成果如下图所示，请将数据填入记录表中，并评定结果是否符合精度要求，然后调整、推算各点高程。

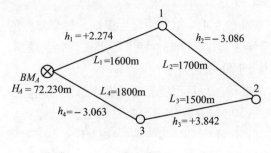

题 2 图

闭合水准路线观测成果计算

测段	点号	距离(m)	高差 h			高程 H (m)	备注
			实测高差(m)	改正数(mm)	改后高差(m)		
辅助计算							

五、思考题

1. 水准仪上主要部件有哪些？各起什么作用？
2. 水准路线有几种布设形式？各有何特点？

技能考核

考核一　水准仪认知、整平操作

1. 考核内容

自动安平水准仪构造认知、圆水准器整平操作。

2. 考核方法

教师安置水准仪，随机选择水准仪上的构成部件，由学生回答该部件的名称及作用，然后要求学生在规定时间内按正确操作方法完成圆水准器的整平操作。

3. 评分标准

（1）水准仪认知（20分）

教师随机抽取水准仪上4个部件由学生识别，每个部件的分值为5分（名称2分，作用3分）；若学生超过3个部件回答不上来，则此项需重新考核。

（2）圆水准器整平（80分）

根据操作过程的准确、规范程度及完成操作所需时间多少评定。

①操作准确规范（30分）：操作过程中遵从左手法则。

②操作熟练程度（50分）：30s内完成操作计满分，以此为基准，每超过10s，扣除该项得分的10%，且以2min为限，超过时间则需重考。

水准仪认知、整平考核评分表

操作者：_____　　仪器号：_____　　考核日期：____年___月___日

考核项目	考核内容	内容得分	项目得分
水准仪认知 (20分)	部件名称(8分)		
	部件作用(12分)		
圆水准器整平 (80分)	操作方法规范(30分)		
	操作熟练程度(50分)		

考核二　水准仪高差测量

1. 考核内容

用自动安平水准仪测定地面两点间的高差。

2. 考核方法

①在考核前，先选定地面上 A（后视点）、B（前视点）两点，并分别竖立水准尺（为避免人为误差，可用三脚架支撑或将水准尺捆在电线杆、灯柱上）。

②将自动安平水准仪置于 A、B 两点间距离两点大致相等处。

③在每个学生操作之前，教师将水准仪的望远镜物镜及目镜调焦螺旋随意拨动几下，然后由学生在规定时间内独立完成水准仪测定两点间高差测量的全过程，并计算出高差。

3. 评分标准

(1) 操作正确规范(30分)

根据整个观测过程各项操作准确、规范程度与否评定。包括：操作步骤是否准确；十字丝是否调清晰；水准尺画面是否清晰；是否有视差存在；读数时水准器是否处于精平状态。

(2) 操作熟练程度(30分)

在 3min 内完成操作计满分，以此为基准，每超过 30s，扣除该项得分的 10%，且以 10min 为限，超过时间则需重考此项。

(3) 观测值准确性(40分)

根据观测结果与高差标准值的差异评定。高差每偏差 1mm，扣该项得分的 10%，且以 8mm 为限，偏差超过 8mm，则须重考此项。

水准仪高差测量考核评分表

操作者：_____ 仪器号：_____ 考核日期：____年___月___日

观测值			操作时间	备注
后视 a	前视 b	高差 h		
评分标准	操作正确规范（30分）	操作熟练程度（30分）	观测值准确性（40分）	合计
得分				

单元二
角度测量与测设

单元介绍

角度测量包含水平角测量与竖直角测量。

在园林测量工作中,角度测量与测设是互为相反的一个测量工作过程。所谓角度测量,是指利用测量仪器测定出地面上任意两点间方向线夹角值的工作过程;所谓角度测设,则是指借助测量仪器将施工图纸上设定好的角值标定在地面上的工作过程。在园林工程施工过程中,无论是建筑小品还是植物种植的定点放线,都离不开地面点角值的测量与测设工作。

本单元围绕地面点角度的测量与测设工作组织了 4 个学习任务,主要内容有:角度测量仪器的构造与使用方法;水平角测量的观测、记录、计算、校核方法;竖直角测量的观测、记录、计算方法;园林工程中角度测设的施测方法。

单元目标

1. 掌握常用角度测量仪器——光学经纬仪、全站仪的构造与操作方法。
2. 掌握利用光学经纬仪、全站仪进行水平角值测量的具体观测、记录、计算与校核方法。
3. 掌握利用光学经纬仪、全站仪进行竖直角值测量的具体观测、记录、计算方法。
4. 能够利用经纬仪、全站仪完成地面点角度测设的具体施测工作。
5. 形成园林工程施工中地面点角度测量与测设的职业工作能力。

单元导入

角度测量是园林工程测量工作的基本内容之一，包括水平角测量和竖直角测量。

一、水平角 β

测站点到两个观测目标方向线之间的夹角，垂直投影到水平面的角度称为水平角，通常用 β 表示。

如图 2-0-1 所示，A、O、B 点为地面上不同高程的 3 个点，将其分别沿垂线方向投影到一个水平投影面 P 上，分别得到 A_1、O_1、B_1 点，则水平面上 O_1A_1 与 O_1B_1 的夹角 β，即为地面上 OA 与 OB 两条直线之间的水平角。

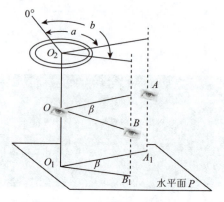

图 2-0-1 水平角观测原理

水平角的角值在 0°~360°之间。

二、水平角测量原理

如图 2-0-1 所示，设想在 O 点所在铅垂线上的任一点 O_2 处水平安置一个带有顺时针注记的水平度盘，则通过 OA 与 OB 的竖直面分别与水平度盘相交，在度盘上分别读取相应的读数，分别设为 a 和 b，则水平角 $\beta = b - a$。

三、竖直角 θ

在同一竖直面内，观测目标的方向线与水平线之间的夹角，称为竖直角（或倾斜角），通常用 θ 表示。如图 2-0-2 所示，目标方向线（OA）向上倾斜时，则竖直角称为仰角，其角值为正（$+\theta$）；目标方向线（OB）向下倾斜时，则竖直角称为俯角，其角值为负（$-\theta$）。

竖直角的角值在 0°~±90°之间。

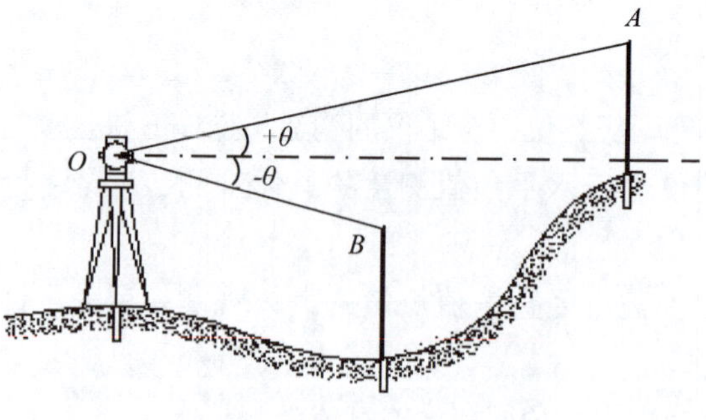

图 2-0-2 竖直角观测原理

四、竖直角测量原理

如图 2-0-2 所示，如果在过 O 点的竖直面内安置一个具有刻度分划的竖直度盘，并使其中心过 O 点，则倾斜视线与水平视线的度盘读数之差就是竖直角值。

任务一　认知角度测量仪器
——光学经纬仪

【任务描述】

　　光学经纬仪的主要特点是采用玻璃度盘和光学测微装置，该类仪器操作简便，读数精度较高，且价格适中，能满足一般园林施工测量的精度要求。

　　本任务以 DJ_6 型光学经纬仪为例，通过对该仪器的实物认知和具体操作，进而掌握经纬仪的构造与使用方法，为后续角度测量与测设的实际工作奠定技术基础。

【任务目标】

1. 熟悉光学经纬仪的主要部件名称与功能作用。
2. 掌握光学经纬仪的对中、整平、读数的操作方法。

【任务流程】

　　认知光学经纬仪构造—经纬仪对中操作—经纬仪整平操作—经纬仪瞄准操作—经纬仪读数操作

【任务实施】

环节一：认知光学经纬仪构造

　　经纬仪是根据角度测量原理而制成的一种能够测量水平角和竖直角的专用测角仪器。经纬仪有两类，即光学经纬仪和电子经纬仪。

知识链接：

　　光学经纬仪按精度可分为 DJ_{07}、DJ_1、DJ_2、DJ_6 和 DJ_{15} 五个等级，其中 D 和 J 分别是"大地测量"和"经纬仪"第一个汉字汉语拼音第一个字母，其后的数字代表该仪器的精度，即一测回水平角中误差的秒数。

1. 光学经纬仪构造

DJ_6 光学经纬仪的构造如图 2-1-1 所示。

（1）物镜调焦螺旋　用于调节目标点标杆影像的清晰度。

（2）目镜调焦螺旋　用于调节望远镜内十字丝影像的清晰度。

（3）竖直制动、微动螺旋　用于控制望远镜在竖直方向上的制动与微动。

（4）水平制动、微动螺旋　用于控制望远镜在水平方向上的制动与微动。

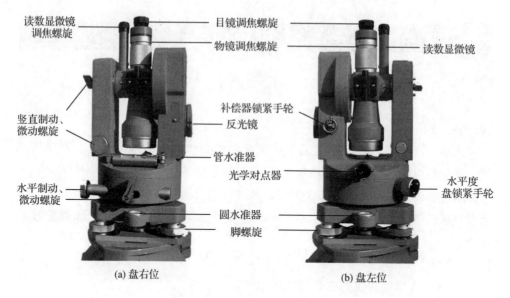

图 2-1-1　DJ_6 光学经纬仪构造

(5) 圆水准器　用于经纬仪基座的整平调节。

(6) 管水准器　用于经纬仪望远镜竖轴的垂直整平。

(7) 读数显微镜　用于读取经纬仪水平度盘和竖直度盘的读数。

(8) 读数望远镜调焦螺旋　用于调节读数显微镜内读数窗口的清晰度。

(9) 反光镜　打开反光镜,可以为读数显微镜提供光源。

(10) 补偿器锁紧手轮　当进行竖直角测量时,需要将此手轮调节到"ON"状态。

(11) 水平度盘锁紧手轮　用于控制水平度盘和望远镜的离合。锁上度盘锁紧手轮,则当望远镜转动时,当前读数窗口中的水平度盘读数保持不变。

(12) 光学对点器　用于经纬仪竖轴与地面点位的垂直对中。

(13) 脚螺旋　用于圆水准器与管水准器的整平调节。

2. 经纬仪对中

(1) 对中　对中是使仪器水平度盘的中心点与测站点位于同一个铅垂线上,是经纬仪测站安置的基本操作之一。

(2) 对中方式

①垂球对中:用垂球对中的误差一般可控制在 3mm 以内,园林施工测量通常采用垂球对中。

②光学对点器对中：用光学对点器对中的误差可控制在 1mm 以内。用于精度要求较高的控制测量中。

3. 认识经纬仪读数窗口

如图 2-1-2 所示，在读数显微镜中可以看到两个读数窗，其中注有"H"（或"水平""－"）的是水平度盘读数窗，注有"V"（或"竖直""⊥"）的是竖直度盘读数窗。

每个读数窗上刻有分成 60 小格的分微尺，分微尺长度等于度盘间隔 1°的弧长影像宽度，因此分微尺上 1 小格的分划值为 1′（每 10′做一注记），读数时可估读到 0.1′（即 6″）。

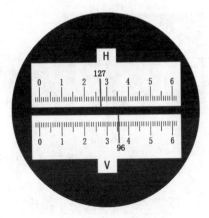

图 2-1-2　经纬仪读数窗口

环节二：经纬仪对中操作

1. 垂球对中

①打开三脚架，调节脚架腿，使其高度适中，将其安在测站点上，目估使架头大致水平，并使架头的中心大致对准测站点中心。

②安装仪器，旋紧中心连接螺旋后，挂上垂球，调节垂球线使垂球贴近地面。

③如果垂球尖离测站中心较远，则将三脚架平移，或者固定一个架脚，移动另外两个架脚，使垂球尖大致对准测站点中心，此时仍要保持架头大致水平。

④旋松连接螺旋，一手扶住三脚架头，另一手扶住仪器基座，在架头上移动仪器，使垂球尖精确对准测站点中心，最后再将连接螺旋旋紧。

2. 光学对点器对中

①使架头大致水平，用垂球初步对中。

②旋转脚螺旋，使圆水准器气泡居中，保持经纬仪初步整平。

③旋转光学对点器目镜螺旋，使对点器的十字丝影像清晰。

④通过拉伸光学对点器的镜筒，使地面测站点的影像清晰，如图 2-1-3 所示。

⑤轻微旋松中心螺旋，在架头上移动仪器，使对点器十字丝精确对准测站点中心点。

⑥旋紧中心螺旋。

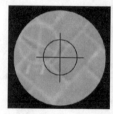 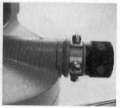 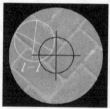 

(a)调节前　　　　　　　　　　　　　　(b)调节后

图 2-1-3　拉伸镜筒调节地面测站点清晰度

环节三：经纬仪整平操作

经纬仪整平是使水平度盘处于水平位置，同时使仪器竖轴处于铅锤位置的过程。整平时要先用脚螺旋调节圆水准气泡居中，使仪器粗略整平后，再调节管水准气使仪器精确整平。

1. 圆水准器粗略整平

参照"单元一任务一"中水准仪圆水准器整平的方法进行。

2. 管水准器精确整平

①操作者站在任意一组脚螺旋面前，旋转经纬仪将管水准器正对自己，并同时将管水准器平行于该组脚螺旋，如图2-1-4(a)所示。

②根据左手法则，气泡要向右移动，则两手相向、同时向内旋转这组脚螺旋，使水准管气泡居中。

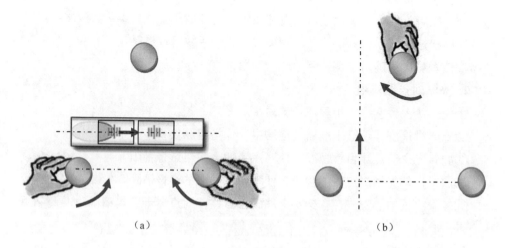

(a)　　　　　　　　　　　　　　(b)

图 2-1-4　管水准器整平操作

③将仪器向操作者左手方旋转90°，如图2-1-4(b)所示，继续遵循左手法则，单独使用左手旋转第三个脚螺旋，使水准管气泡居中。

④按上述②~③操作步骤重复进行几次，直至水准管气泡在任何位置都居中为止，结果如图2-1-5所示。

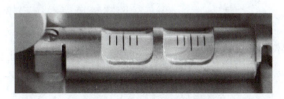

图2-1-5 管水准器整平结果

小贴士：

用光学对点器整平经纬仪时，应特别注意对中和整平两个步骤是会相互影响的，此时对中与整平两步骤要反复进行，直至两者都满足要求为止。

环节四：经纬仪瞄准操作

1. 目镜对光

松开望远镜和照准部制动螺旋，将望远镜朝向明亮处，调节目镜对光螺旋，使十字丝清晰。

2. 粗瞄目标

利用望远镜瞄准器粗略对准目标花杆，旋紧水平、竖直制动螺旋。

3. 消除视差

反复调节物镜、目镜调焦螺旋，使目标花杆影像与十字丝影像同时清晰。

4. 精瞄目标

转动望远镜水平、竖直微动螺旋，使十字丝分划板的竖丝精确地瞄准目标花杆的根尖部位，如图2-1-6所示。

图2-1-6 经纬仪瞄准目标

小贴士：

观测水平角时，应注意尽量瞄准目标标杆的基部，当目标宽于十字丝双丝距时，宜用单丝平分，如图2-1-7(a)所示；当目标窄于双丝距时，宜用双丝夹住，如图2-1-7(b)所示。

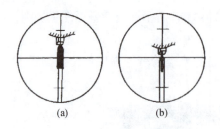

图 2-1-7 经纬仪瞄准目标技巧

环节五：经纬仪读数操作

①打开反光镜，调节镜面位置，使读数窗口内进光明亮均匀。

②调节读数显微镜目镜调焦螺旋，使读数窗内分划线清晰。

③读数时，先读出位于分微尺内的度盘分划线的注记度数，再以度盘分划线为指标，在分微尺上读取不足 1°的分数，并估读秒数（秒数只能是 6 的倍数），得到相应的读数。

图 2-1-8 中水平度盘的读数是 127°22′48″，竖直度盘的读数是 96°35′36″。

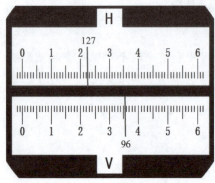

图 2-1-8 经纬仪读数窗口（放大）

【技能拓展】认知 TKS202 电子全站仪

全站型电子速测仪简称全站仪，是由电子测角、电子测距、电子计算和数据存储单元等组成的三维坐标测量系统，具有功能强大、观测精度高、自动显示测量结果的特点。目前在园林工程施工中，利用全站仪进行角度测量越来越普遍。

以拓普康（北京）科技有限公司制造的 TKS202 全站仪为例，通过对该仪器的实物认知和具体操作，达到掌握电子全站仪的构造与基本操作的目的。

1. TKS202 全站仪的构造（图 2-1-9）

图 2-1-9 TKS202 全站仪构造

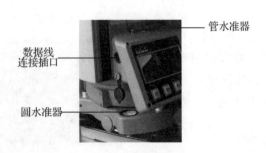

图 2-1-9 TKS202 全站仪构造(续)

2. 反射棱镜(图 2-1-10)

反射棱镜通过整平、对中后竖立于观测点上,一方面为全站仪提供观测目标,另一方面接收全站仪发出的光信号并将其反射回去。

3. 全站仪安置、对中、整平

参照光学经纬仪相应操作方法及步骤。

4. 瞄准目标棱镜

粗略瞄准,消除视差,再精确瞄准,将望远镜十字丝中心对准反射棱镜的中心点,如图 2-1-11 所示。

图 2-1-10 全站仪反射棱镜(单棱镜)

5. 开机

点按电源开关按钮开机,此时屏幕亮起,进入初始页面,如图 2-1-12 所示。

图 2-1-11 瞄准目标棱镜

图 2-1-12 全站仪开机页面

单元二 角度测量与测设

小贴士：

按下操作盘上的"★"键，进入图 2-1-13 所示页面，此时可以对屏幕的对比度及亮度进行调节。

① 按下操作键盘上的上、下箭头键(▲或▼)可以调节显示屏的黑白对比度（级别 0～9 级）。

② 按 F1 键可使显示屏背景光（ ▦ ）进行开/关切换。

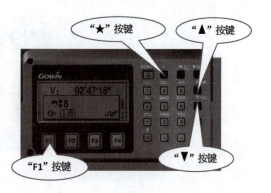

图 2-1-13　屏幕显示调节页面

任务二　经纬仪水平角测量实施

水平角测量是用经纬仪等测量仪器获得水平角的角值，是园林工程施工中经常遇到的测量工作。常用的水平角观测方法有测回法和全圆测回法两种，其中经纬仪测回法是水平角观测的基本方法。

【任务描述】

如图 2-2-1 所示，O、A、B 3 点是测量实训场上的 3 个施工控制点，要求用经纬仪测定出 $\angle AOB$ 的水平角的数值 β。通过该测量工作，能够掌握经纬仪测回法水平角测量的观测、记录、计算等基本工作流程。

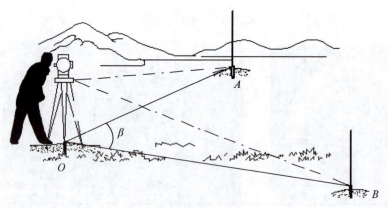

图 2-2-1　经纬仪水平角测量

【任务目标】

1. 熟悉经纬仪测回法观测水平角的工作流程。

2. 正确完成测回法水平角测量的观测、记录、计算等工作环节。

【任务流程】

安置仪器—盘左半测回角值测量—盘右半测回角值测量——测回水平角值计算

【任务实施】

环节一：安置仪器

在测站点 O 安置经纬仪，参照任务一的相关操作完成经纬仪的对中、整平。在 A、B 两点上设置目标花杆。

环节二：盘左半测回角值测量

①将经纬仪置于盘左位。

②先瞄准左侧 A 点目标花杆的底部，利用度盘锁紧手轮将水平度盘读数配置到 0°附近，并读取水平度盘读数 $a_左$，将观测数据记入水平角观测记录表（表 2-2-1）相应栏内，如 $a_左$ = 0° 02′24″。

③顺时针转动望远镜，瞄准右侧 B 点目标花杆底部，读取水平度盘读数 $b_左$，将观测数据记入水平角观测记录表（表 2-2-1）相应栏内，如 $b_左$ = 85° 26′36″。

④以上操作称为盘左半测回，其观测水平角值为：

$$\beta_左 = b_左 - a_左 = 85°26′36″ - 0°02′24″ = 85° 24′12″$$

知识链接：

1. 盘左位（正镜位）：观测者正对仪器，当竖直度盘在望远镜的左侧时，则称仪器此时处于盘左位，也叫正镜位，如图 2-1-1(b)所示。

2. 盘右位（倒镜位）：观测者正对仪器，当竖直度盘在望远镜的右侧时，则称仪器此时处于盘右位，也叫倒镜位，如图 2-1-1(a)所示。

环节三：盘右半测回角值测量

①纵转望远镜将经纬仪置于盘右位。

②先瞄准右侧 B 点目标花杆底部，读取水平度盘读数 $b_右$，将观测数据记入水平角观测记录表（表 2-2-1）相应栏内，如 $b_右$ = 265° 26′54″。

③逆时针转动望远镜，再次瞄准左侧 A 点目标花杆底部，读取水平度盘读数 $a_右$，将观测数据记入水平角观测记录表（表 2-2-1）相应栏内，如 $a_右$ = 180° 03′00″。

④以上操作称为盘右半测回，其观测水平角值为：

$$\beta_右 = b_右 - a_右 = 265°26'54'' - 180°03'00'' = 85°23'54''$$

环节四：一测回水平角值计算

盘左半测回和盘右半测回合称为一个测回。对于 DJ_6 光学经纬仪，若盘左半测回与盘右半测回角值的差值不超过 $±40''$，可取其平均值作为一测回水平角的观测角值，即：

$$\beta_左 - \beta_右 = 85°24'12'' - 85°23'54'' = +18''（观测结果合格）$$

则：

$$\beta_平 = \frac{1}{2}(\beta_左 + \beta_右) = \frac{1}{2}(85°24'12'' + 85°23'54'') = 85°24'03''$$

表 2-2-1 测回法水平角观测记录

仪器型号：_____ 观测日期：_____ 观测天气：_____

观测者：_____ 记录者：_____ 检核者：_____

测站	竖盘位置	观测目标	水平度盘读数	半测回值	一测回值	备注
O	盘左	A	0°02'24''	85°24'12''	85°24'03''	
		B	85°26'36''			
	盘右	A	180°03'00''	85°23'54''		
		B	265°26'54''			

小贴士：

测回法计算水平角值时，始终应该用右侧目标读数减去左侧目标读数。如果右侧目标读数小于左侧目标读数，则应将右侧目标读数加上 $360°$ 后再减左侧目标读数。

【技能拓展】TKS202 全站仪水平角测量实施

利用全站仪进行角度测量具有自动化程度高、测量速度快、观测精度高等优点。全站仪水平角测量的观测方法和观测步骤与光学经纬仪不尽相同，主要分为单测法和复测法两种。

1. 单测法水平角测量

①在测站点安置全站仪，在观测点安置反射棱镜，将全站仪及反射棱镜分别对中、整平后，打开电源开关（POWER 键），此时显示屏进入初始页面，如图 2-2-2 所示。

②转动仪器望远镜粗略瞄准左侧起始目标反射棱镜，消除视差后，精确瞄准

反射棱镜的中心点。

③设置起始点目标的水平读数为00°00′00″,设置方法有以下两种。

方法一：通过"置零"程序进行设置。

在初始 P1 页面(图 2-2-2)上按 F1(置零)键,进入水平角置零页面,如图 2-2-3 所示,按 F3(是)键,完成水平读数设置,结果如图 2-2-4 所示。

图 2-2-2　全站仪开机页面

图 2-2-3　水平角置零页面

方法二：通过键盘输入进行设置。

在初始 P1 页面(图 2-2-2)上按 F3(置盘)键,进入键盘输入角值页面,如图 2-2-5 所示。利用数字键盘输入数值 00.0000,按 F4(ENT)键完成设置。顺时针转动仪器望远镜,精确瞄准右侧目标反射棱镜中心点后,显示屏上显示的 HR 数值就是所测水平角的角值,如图 2-2-6 所示。

图 2-2-4　水平角置零

图 2-2-5　键盘输入角值页面

小贴士：

在数字输入过程中,如果发生输入错误,则按 F3(CLR)键,将错误数字删除后,重新输入正确数字。

2. 复测法水平角测量

①如图 2-2-2 所示,在初始 P1 页面上按 F4(翻页)键,进入 P2 页面,如图 2-2-7 所示。

②按 F2(复测)键,进入复测模式设置页面,如图 2-2-8 所示。

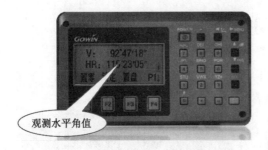

图 2-2-6　水平角值读数　　　　　图 2-2-7　显示屏第二页

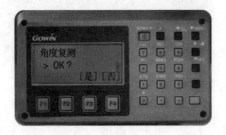

图 2-2-8　角度复测模式设置　　　　图 2-2-9　角度复测模式页面

③按 F3（是）键，进入角度复测模式页面，如图 2-2-9 所示。

④将望远镜精确瞄准左侧起始目标点反射棱镜，按 F1（置零）键，进入角度复测初始化页面，如图 2-2-10 所示。

⑤按 F3（是）键，返回图 2-2-9 所示角度复测模式页面。

⑥顺时针旋转望远镜精确瞄准右侧目标点反射棱镜后，按 F4（锁定）键锁定当前测量结果，完成水平角的第一次测量，如图 2-2-11 所示。

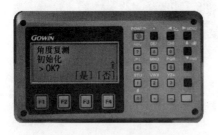

图 2-2-10　角度复测初始化　　　　图 2-2-11　锁定测量结果

⑦再次瞄准左侧起始目标点的反射棱镜，按 F3（释放）键。

⑧再次顺时针旋转望远镜精确瞄准右侧目标点反射棱镜，按 F4（锁定）键锁定当前测量结果，完成水平角的第二次测量，如图 2-2-12 所示。

⑨重复上述步骤⑥~⑦，直到完成需要的观测次数为止，此时显示屏上显示的 Hm 数值就是该观测水平角的平均角值。

⑩若要退出复测模式，返回正常测角模式，则：
  a. 按 F2（测角）键，进入退出页面，如图 2-2-13 所示，按 F3（是）键，退出；
  b. 按键盘上的 ESC（退出）键退出，如图 2-2-13 所示。

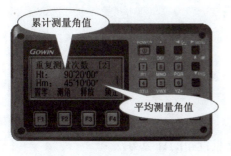

图 2-2-12　第二次测量结果化

图 2-2-13　退出重复测角

小贴士：

水平角复测模式中，如果本次角值观测结果和上次角值观测结果相差超过 ±30″，则屏幕会显示错误信息，此时需要重新观测，如图 2-2-14 所示。

图 2-2-14　测角错误

任务三　经纬仪竖直角测量实施

竖直角测量通常用来将地面上两点间的斜距改算成水平距离，或者用于三角高程测量计算等。

【任务描述】

如图 2-3-1 所示，A、B 两点间的倾斜距离 L 已知，现在要计算两点间的水平距离 D，根据三角函数原理，现需要用经纬仪测定出 A 点到 B 点的仰角 θ 的角值。通过该测量工作，能够掌握经纬仪竖直角测量的观测、记录、计算等基本工作流程。

【任务目标】

1. 熟悉经纬仪竖直角测量的工作流程。

2. 正确完成竖直角测量的观测、记录、计算等工作环节。

【任务流程】

认知光学经纬仪的竖直度盘及竖直角的计算方法—安置仪器—盘左位竖直角测量—盘右位竖直角测量——测回竖直角计算

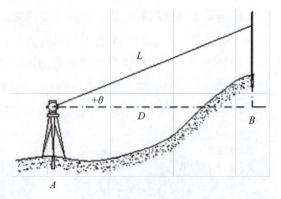

图 2-3-1　竖直角测量

【任务实施】

环节一：认知光学经纬仪的竖直度盘及竖直角的计算方法

1. 竖直度盘及读数系统

为测量竖直角而设置的竖直度盘固定安置于望远镜旋转轴的一端，其中心与旋转轴的中心重合，当望远镜在竖直方向旋转时，竖直度盘也随之旋转。

（1）竖直度盘的注记形式　常见经纬仪竖直度盘的刻画方式为全圆360°刻画，但注记方式分为两种：一种为全圆顺时针注记；另一种为全圆逆时针注记。

不管以上哪种注记形式，通常都在望远镜方向上注以0°及180°，如图2-3-2所示。

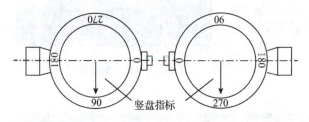

（a）顺时针注记

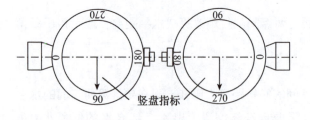

（b）逆时针注记

图 2-3-2　竖直度盘注记形式

（2）竖盘指标　竖盘指标位于通过竖盘刻画中心的铅垂线上，其位置固定，不随望远镜而转动，用于读取竖直度盘的读数。由图2-3-2可知，当竖盘指标位于正确位置且望远镜视线水平时，则竖盘读数必为90°或270°。

（3）补偿器锁紧手轮　为

保证竖盘指标位于正确位置，经纬仪内设置有一套自动归零装置，补偿器锁紧手轮就是用于控制自动归零装置工作状态的旋钮。

当经纬仪不进行竖直角测量时，为减少自动归零装置的不必要损耗，应将补偿器锁紧手轮的OFF(关)旋转到图2-3-3所示的箭头位置。

当需要进行竖直角测量时，则将补偿器锁紧手轮的ON(开)旋转到图2-3-3中箭头所示的位置，此时自动归零装置开始工作，自动调节竖盘指标位于正确位置。

图 2-3-3　补偿器锁紧手轮

2. 竖直角计算公式

竖直度盘的注记形式不同，由竖直度盘读数计算竖直角的公式也不同。

以全圆顺时针注记形式为例，如图2-3-4(a)所示，当望远镜处于盘左位时，望远镜上倾而竖直度盘读数减小，则：

竖直角 = 视线水平时读数 − 瞄准目标时读数

已知视线水平时读数为90°，若以 L 来表示盘左位置瞄准目标时的读数，则：

$$\theta_{左} = 90° - L$$

如图2-3-4(b)所示，当望远镜处于盘右位时，望远镜上倾而竖直度盘读数增大，则：

竖直角 = 瞄准目标时读数 − 视线水平时读数

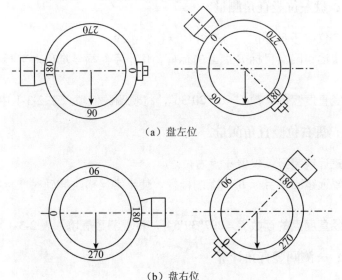

(a) 盘左位

(b) 盘右位

图 2-3-4　竖直角计算公式推算

已知视线水平时读数为 270°，若以 R 来表示盘右位置瞄准目标时的读数，则：

$$\theta_右 = R - 270°$$

同理，可推算出全圆逆时针竖直度盘注记时，其竖直角的计算公式为：

$$\theta_左 = L - 90°$$
$$\theta_右 = 270° - R$$

3. 竖盘指标差

竖直度盘指标处于不正确位置时的竖直度盘读数与指标位置正确时的竖直度盘读数的差值称为竖盘指标差，常用 x 表示。竖盘指标差的计算公式如下：

$$x = \frac{1}{2}(\theta_左 - \theta_右)$$

测量规范规定，DJ_6 型经纬仪竖盘指标差 $x \leqslant \pm 25''$。

虽然竖盘读数中包含有竖盘指标差，但取盘左、盘右角值的平均值，即可消除竖盘指标差的影响，正确地观测竖直角。

环节二：安置仪器

①在测站点 A 点安置经纬仪，对中、整平后量取仪器高（即望远镜旋转轴的中心到地面点的垂直距离）。

②在目标 B 点竖立标杆，在标杆上量取仪器高的长度并做好标记。

环节三：盘左位竖直角测量

①将经纬仪置于盘左位，打开补偿器锁紧手轮。

②旋转望远镜瞄准目标 B 点上的标杆，使十字丝横丝准确对准标杆上的仪器高的标记。

③读取竖直度盘的读数 $L = 62°20'36''$，将观测数值填入表 2-3-1 中。

环节四：盘右位竖直角测量

①纵转望远镜将经纬仪置于盘右位。

②旋转望远镜瞄准目标 B 点上的标杆，使十字丝横丝准确对准标杆上的仪器高的标记。

③读取竖直度盘的读数 $R = 297°39'54''$，将观测数值填入表 2-3-1 中。

环节五：一测回竖直角计算

①根据上面观测数值可以判断出，该测量仪器为全圆顺时针的竖盘注记形式。

②分别计算出盘左、盘右竖直角值如下：

$$\theta_左 = 90° - L = 90° - 62°20'36'' = 27°39'24''$$
$$\theta_右 = R - 270° = 297°39'54'' - 270° = 27°39'54''$$

③一测回竖直角的计算如下：

$$\theta = \frac{1}{2}(\theta_左 + \theta_右) = \frac{1}{2}(27°39'24'' + 27°39'54'') = 27°39'39''$$

④竖盘指标差的计算：

$$x = \frac{1}{2}(\theta_右 - \theta_左) = \frac{1}{2}(27°39'54'' - 27°39'24'') = +15''$$

将以上计算数值填入表 2-3-1 中。

表 2-3-1　竖直角观测记录

仪器型号：_____　　观测日期：_____　　观测天气：_____
观测者：_____　　　记录者：_____　　　检核者：_____

测站	目标	盘位	竖盘读数	半测回值	指标差	一测回值	备注
A	B	左	62°20′36″	+27°39′24″	+15″	+27°39′39″	竖盘为顺时针注记
		右	297°39′54″	+27°39′54″			

【知识拓展】角度测量中的注意事项

为了操作好角度测量仪器，避免角度测量错误和提高测量精度，在角度测量时应注意以下事项：

1. 仪器安置

仪器安置的高度要适中，仪器与三脚架连接要牢固，三脚架要踩牢；观测过程中不要手扶或碰动三脚架。

2. 仪器操作

操作仪器时要心细手轻，转动照准部用力要轻，旋转制动螺旋时要有轻重感，切勿拧得过紧或过松。

3. 对中、整平

对中、整平要准确，测角精度要求越高或边长越短的，越要严格对中；当观测的目标之间高低相差较大时，更应注意仪器整平。

4. 测量、观测

①在水平角观测过程中，如同一测回内发现照准部水准管气泡偏离居中位置，不允许重新调整水准管使气泡居中后继续观测；若气泡偏离中央超过一格，则需重测。

②观测水平角时，同一个测回里不能转动度盘手轮。

③观测竖直角时，每次读数之前，必须使补偿器锁紧手轮开关设置在"ON"位置上。

④标杆要立直于目标点上，尽可能用十字丝中心瞄准标杆基部；观测竖直角时，宜用十字丝中丝相切于目标指定部位。

⑤不要混淆水平度盘和竖直度盘的读数；记录要清楚，并当场计算、校核；若误差超限，应查明原因并重测。

任务四　园林施工水平角测设

水平角测设是根据给定角顶点和起始方向，将设计的水平角的另一方向标定出来。

【任务描述】

如图 2-4-1 所示，OA 方向线是施工场地上的一条施工轴线，现要沿 OA 方向利用经纬仪测设出一个角值为 45°的水平角。

【任务目标】

1. 理解水平测设的含义。
2. 正确完成指定角值的水平角测设操作。

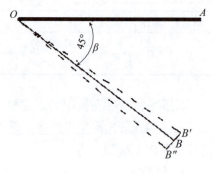

图 2-4-1　水平角测设

【任务流程】

安置仪器—盘左位水平角值测设—盘右位水平角值测设—测设点位的调整

【任务实施】

环节一：安置仪器

如图 2-4-1 所示，将经纬仪安置于角顶点 O 点上，对中、整平。

环节二：盘左位水平角值测设

①将经纬仪置于盘左位，精确瞄准地面已知 A 点。

②读取当前水平度盘的读数，记为 a_1。

③顺时针转动照准部，当水平度盘读数正好为 $a_1 + 45°$时，在视线方向上标定一点，如图 2-4-1 中的 B' 点。

环节三：盘右位水平角值测设

①将经纬仪置于盘右位，再次精确瞄准地面已知 A 点。
②读取当前水平度盘的读数，记为 a_2。
③顺时针转动照准部，当水平度盘读数正好为 $a_2 + 45°$ 时，在视线方向上再标定一点，如图 2-4-1 中的 B'' 点，并使 $OB' = OB''$。

环节四：测设点位的调整

①如果盘左位与盘右位测设的 B' 与 B'' 点正好重合，则 $\angle AOB'$ 即为设计角，角值 $\beta_{设计} = 45°$。
②如果 B' 与 B'' 点不重合，则取 B' 与 B'' 点连线的中点定出 B 点，$\angle AOB$ 即为设计角，角值 $\beta_{设计} = 45°$。

表 2-4-1 为水平角测设记录表。

表 2-4-1　水平角测设记录表

仪器型号：_____　　测设日期：_____　　测设天气：_____
测设者：_____　　记录者：_____　　检核者：_____

测站	设计角值	盘位	目标	水平度盘读数	备注
O	45°00′00″	左	A	00°03′30″	
			B'	45°03′30″	
		右	A	180°03′18″	
			B''	225°03′18″	

【技能拓展】90°直角的简易测设法

当要测设的角度为 90°，且测设的精度要求较低时，可用勾股定理进行简易测设。

如图 2-4-2 所示，欲在 AB 边上的 A 点定出垂直于 AB 的 90°直角（AC 方向），则：

①先用直尺从 A 点沿 AB 方向量 3m 得 D 点。

②同时使用两把卷尺，将其中一把卷尺的 5m 处置于 D 点，另一把卷尺的 4m 处置于 A 点。

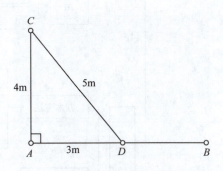

图 2-4-2　利用勾股定理测设直角

③拉平、拉紧两把卷尺，使两把卷尺的零点位置相交，则两把卷尺在零点的交叉处即为预测设的 C 点，此时 $AC \perp AB$，$\angle CAB = 90°$。

单元小结

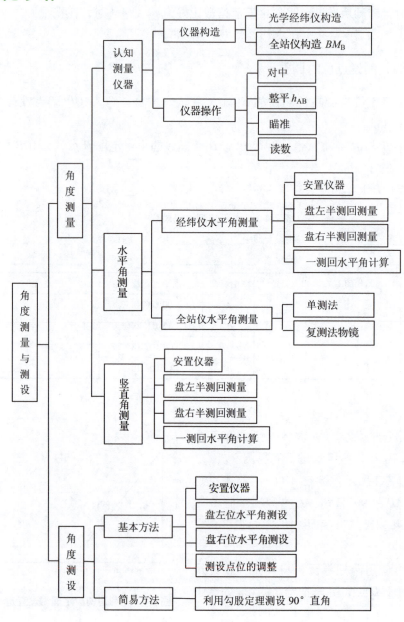

单元练习

一、基本概念

水平角　竖直角　盘左位　盘右位

二、填空

1. 利用经纬仪进行角度测量时，应首先将经纬仪的竖直度盘置于_____位。

2. 将经纬仪安置到测站点后，需要进行_____和_____的安置工作。

3. 经纬仪整平时，水准管气泡移动方向与_____方向一致，与_____方向相反。

4. 采用测回法观测水平角时，盘_____半测回与盘_____半测回合称为一测回，若两半测回角值之差不大于_____，则取其_____作为一测回的观测结果。

5. 倾斜视线和水平视线在同一竖直面内的夹角，称为_____，用_____表示。

6. 用测回法进行水平角观测时，某一方向上盘左读数和盘右读数应相差_____。

7. 用经纬仪测水平角时应尽量照准目标_____。

三、单项选择题

1. 在计算半测回水平角时，如果右侧目标读数小于左侧目标读数，则应(　　)。

    A. 将右侧目标读数加上 180°　　　B. 将左侧目标读数减去 360°

    C. 将左侧目标读数减去 180°　　　D. 将右侧目标读数加上 360°

2. 经纬仪上控制照准部和水平度盘离合的装置称为(　　)。

    A. 补偿器锁紧手轮　　　　　　　B. 光学对中器

    C. 脚螺旋　　　　　　　　　　　D. 度盘锁紧手轮

3. 经纬仪测量水平角时，盘左位与盘右位瞄准同一方向所读的水平角值，理论上应相差(　　)。

    A. 180°　　　B. 0°　　　C. 90°　　　D. 270°

4. 经纬仪不能直接用于测量(　　)。

    A. 点的坐标　　B. 水平角　　C. 垂直角　　D. 视距

5. 竖直角观测时，盘左、盘右取平均值是否能够消除竖盘指标差的影响(　　)。

单元二　角度测量与测设

A. 不能　　　　　　　　　　B. 能消除部分影响

C. 可以消除　　　　　　　　D. 二者没有任何关系

四、计算题

利用测回法观测∠AOB，请根据观测成果完成下表的记录与计算。

测回法水平角观测手簿

测站	竖盘位置	观测目标	水平度盘读数	半测回值	一测回值	备注
						$a_左 = 332°43'30''$
						$a_右 = 152°43'24''$
						$b_左 = 38°27'06''$
						$b_右 = 218°27'30''$

五、思考题

简述经纬仪测回法观测水平角的具体操作步骤。

技能考核

考核一　经纬仪认知、整平操作

1. 考核内容

DJ_6 光学经纬仪构造认知、管水准器整平操作。

2. 考核方法

教师安置经纬仪，随机选择经纬仪上的构成部件，由学生回答该部件的名称及作用，然后要求学生在规定时间内按正确操作方法完成管水准器的整平操作。

3. 评分标准

（1）经纬仪认知（20分）

教师随机抽取经纬仪上4个部件由学生识别，每个部件的分值为5分（名称2分，作用3分）；学生超过3个部件回答不上来，则此项需重新考核。

（2）管水准器整平（80分）

根据操作过程的准确、规范程度及完成操作所需时间多少评定。

①操作准确规范（30分）：操作过程中要遵从左手法则。

②操作熟练程度（50分）：40s内完成操作计满分，以此为基准，每超过10s，扣除该项得分的10%，且以2min为限，超过时间则需重考。

经纬仪认知、整平考核评分表

操作者：_____　　仪器号：_____　　考核日期：____年___月___日

考核项目	考核内容	内容得分	项目得分
水准仪认知 (20分)	部件名称(8分)		
	部件作用(12分)		
圆水准器整平 (80分)	操作方法规范(30分)		
	操作熟练程度(50分)		

考核二　测回法水平角测量

1. 考核内容

在一个测站上用 DJ_6 光学经纬仪(测回法)测定该点的水平角值。

2. 考核方法

①在地面选定 A、O、B 三点，在 A、B 两点上竖立标杆，O 点作为测站点安置仪器。

②在每个学生操作前，教师将经纬仪望远镜目镜、物镜调焦螺旋及读数显微镜目镜螺旋随意拨动几下。由学生在 O 点上完成一个测站的全部操作，完成测回法水平角测量考核表的填写，并计算出水平角值。

测回法水平角测量考核表

操作者：_____　　仪器号：_____　　考核日期：____年___月___日

测站	竖盘位置	目标	水平度盘读数	半测回角值	一测回角值
O	左	A			
		B			
	右	A			
		B			
评分项目	操作正确规范 (30分)	操作熟练程度 (30分)	观测值准确性 (40分)	合计	
得分					

3. 评分标准

（1）操作正确规范(30分)

根据整个观测过程各项操作准确、规范程度与否评定。包括：操作步骤是否正确；对中是否准确；整平是否符合要求；是否有视差存在；观测时水准器是否处于精平状态。

(2)操作熟练程度(30分)

在10mm内完成操作计满分,以此为基准,每超过1min,扣除该项得分的10%,且以20min为限,超过时间则需重考此项。

(3)观测值准确性(40分)

根据观测结果与水平角标准值的差异评定。一测回水平角值偏差每超过±6″,扣该项分值的10%,且以±40″为限,扣完为止。若此项不得分,则需重考。

单元三
距离测量与测设

单元介绍

距离测量包括水平距离测量和倾斜距离测量。

在园林工程施工过程中，与距离相关的测量工作主要有两项：一项是利用测量仪器、工具测定出已知两点间的直线距离，称为距离测量；另一项是根据设计要求，将一条线段的设计长度利用测量仪器标定到地面上，称为距离测设。

本单元围绕地面点距离的测量与测设工作组织了 4 个学习任务，主要学习直线定线与距离测量、直线方位的表示方法与方位测量、园林工程中水平距离测设的施测方法。

单元目标

1. 理解距离测量与测设、直线定线与定向的概念。
2. 能熟练操作测量工具与仪器，完成地面点间的距离测量工作。
3. 能熟练操作测量仪器，完成地面直线方位角的测量工作。
4. 能够熟练使用测量工具与仪器，完成地面水平距离测设的施测工作。
5. 形成园林工程施工中地面点距离测量与测设的职业工作能力。

任务一　钢尺法平坦地面水平距离测量

水平距离是指地面上两点垂直投影到水平面上的长度。钢尺是测定地面点水平距离最常用的基本工具。

【任务描述】

如图 3-1-1 所示，地面上有 A、B 两点，且两点间距离较远（>100m）。要求用长度为 30m 的钢尺丈量出 A、B 两点间的水平距离。

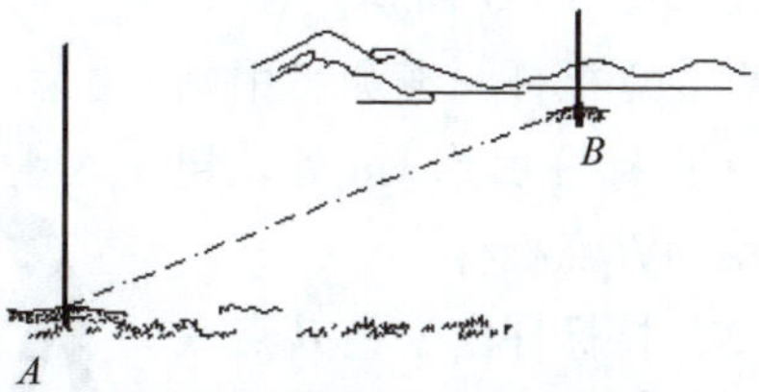

图 3-1-1　地面点水平距离测量

【任务目标】

1. 熟悉钢尺的刻画注记形式。
2. 理解直线定线的概念，能够完成直线定线的具体操作。
3. 熟悉钢尺法测量水平距离的基本流程，能正确完成水平距离的测量工作。

【任务流程】

直线定线—距离丈量—精度校验—距离计算

【任务实施】

环节一：直线定线

当地面两点之间的距离大于钢尺本身的长度时，为方便量距工作，需要在直线的方向上竖立一些标杆，然后在地面标定出同一直线上的若干节点，以便于分段丈量直线距离，这项工作被称为直线定线。

知识链接：

钢尺是钢制的卷尺，如图 3-1-2 所示，其常用的长度有 20m、30m 及 50m 几种。钢尺的最小分划为毫米，在米、分米及厘米处都有数字注记。

图 3-1-2　钢尺及刻画

单元三　距离测量与测设　67

钢尺根据其零点位置的不同，又分为端点尺和刻线尺两种。端点尺是以尺的最外端作为尺的零点，如图3-1-2(a)所示，当从建筑物墙边开始丈量时使用很方便。刻线尺是以尺前端的某一处刻线作为尺的零点，如图3-1-2(b)所示。

直线定线的方法主要有两种，即目估法定线与经纬仪定线。

1. 目估法定线

①如图3-1-3所示，在A、B两点竖立标杆，观测者甲站立于A点标杆后约1m处，用眼睛瞄向B点标杆。

②乙持标杆位于距B点大约一整尺长的地方，甲指挥乙左右移动标杆，直到甲在A点沿标杆的同一侧看见A、1、B三点处的标杆在同一直线上，然后在地面上标定出1点。

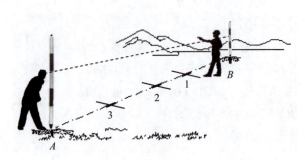

图3-1-3　目估法定线

③乙持标杆到距离1点大约一整尺长的地方，重复上步操作，可在地面标定出2点。

④由此继续可标定出AB直线上的3、4等其他各节点的位置。

2. 经纬仪定线

①如图3-1-4所示，甲在A点安置经纬仪。用望远镜十字丝的竖丝精确照准B点，固定照准部水平制动螺旋。

②乙持标杆位于距B点大约一整尺长的地方，甲操作望远镜向下倾斜，用手势指挥乙左右移动标杆，使标杆尖头与望远镜十字丝的竖丝重合，然后在地面上标定出1点。

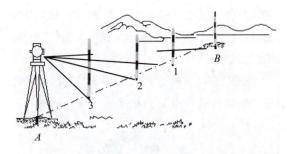

图3-1-4　经纬仪定线

③重复上步操作，可在地面上依次标定出2、3、4等其他各节点的位置。

小贴士：

目估定线适用于精度要求一般的距离测量工作。当直线定线精度要求较高时，可采用经纬仪定线。

环节二：距离丈量

丈量工作由两人进行，首先由 A 点向 B 点测量，称为往测，如图 3-1-5 所示。

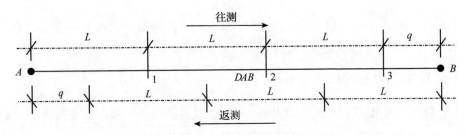

图 3-1-5　距离丈量实施

①后尺手持钢尺零点一端，前尺手持钢尺末端沿 AB 方向前进。

②行至一整尺长处停下，后尺手将钢尺的零点对准 A 点，指挥前尺手将钢尺拉在 AB 直线上。当两人同时把钢尺拉紧后，前尺手在钢尺末端的整尺段长分划处做标记（1 点），即量完一个尺段。

③前、后尺手抬尺前进，当后尺手到达标记 1 点处时停住，再重复上述操作，量完第二尺段。

④量至最后不足一整尺长的零尺段时，如实量取最后一段的距离长。则 A、B 间的往测距离计算公式为：

$$D = nl + q$$

式中，l 为钢尺的一整尺长；n 为整尺段的个数；q 为零尺段的距离长。

如图 3-1-5 所示，往测共丈量了 3 个整尺段，零尺段距离长为 $q = 16.369\text{m}$，则：

$$D_{往测} = nl + q = (3 \times 30 + 16.369)\text{m} = 106.369\text{m}$$

⑤为了提高丈量精度，防止错误的发生，还需要对此段距离由 B 点到 A 点重复测量一次，称为返测。如图 3-1-5 所示，返测共丈量了 3 个整尺段，零尺段距离长为 $q = 16.401\text{m}$，则：

$$D_{返测} = nl + q = (3 \times 30 + 16.401)\text{m} = 106.401\text{m}$$

环节三：精度校验

距离丈量的测量精度用相对误差 K 来衡量。所谓相对误差，是指往、返测距离的差数绝对值 $|\Delta D|$ 与它们的平均值 $\overline{D}$ 之比，并化为分子为 1 的分数，分母越大，说明精度越高，即：

$$\Delta D = |D_{往} - D_{返}| = |106.369\text{m} - 106.401\text{m}| = 0.032\text{m}$$

$$\bar{D} = \frac{D_{往} + D_{返}}{2} = \frac{106.369\text{m} + 106.401\text{m}}{2} = 106.385\text{m}$$

$$K = \frac{|\Delta D|}{\bar{D}} = \frac{0.032\text{m}}{106.385\text{m}} = \frac{1}{3325}$$

在平坦地区，一般钢尺量距的相对误差 $K_{允} \leq 1/3000$；地势变化较大的地区应 $K_{允} \leq 1/2000$；在量距困难地区，则 $K_{允} \leq 1/1000$。

环节四：距离计算

计算出的 K 值应与 $K_{允}$ 进行对比，若超过限差则应分析原因，进行重测。符合精度要求时，则取往返距离的平均数作为最后结果，即：

$$K = \frac{1}{3325} < \frac{1}{3000} \quad （结果合格）$$

则 AB 测段距离长为：

$$\bar{D} = \frac{D_{往} + D_{返}}{2} = \frac{106.369\text{m} + 106.401\text{m}}{2} = 106.385\text{m}$$

【技能拓展】倾斜地面水平距离测量

1. 平量法

适用于地面倾斜起伏不平但坡度不大时的水平距离测量，如图 3-1-6 所示。

①丈量由 A 向 B 进行，后尺手将尺的零端对准 A 点，前尺手将尺抬高，并且目估使尺子水平，用垂球尖将尺段的末端投于 AB 方向线的地面上，做好标记，量出 A、1 之间的水平距离。

②依次继续进行其余各测段的水平距离测量工作，然后将各测段的观测结果值相加，最后计算得出 A、B 间的水平距离。

2. 斜量法

适用于倾斜地面坡度比较均匀时的水平距离测量，如图 3-1-7 所示。

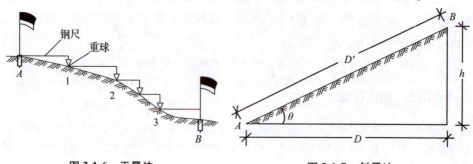

图 3-1-6　平量法　　　　　　图 3-1-7　斜量法

①用钢尺沿斜面直接丈量出 A、B 的倾斜距离 D'。
②用经纬仪测出地面倾斜角 θ 或用水准仪测定出 A、B 两点间的高差 h。
③按下式计算 A、B 的水平距离 D：

$$D = D'\cos\theta \quad \text{或} \quad D = \sqrt{D'^2 - h^2}$$

【知识拓展】钢尺距离测量的注意事项

为了用好钢尺，避免距离丈量错误和提高丈量精度，在距离测量时应注意以下事项：

1. 测量前

使用钢尺前，要仔细认清钢尺的零点位置和尺面注记，避免读错数。

2. 测量中

①进行距离丈量时，直线定线要直；拉尺时，前、后尺手用力要均匀、适当，保证将钢尺拉平、拉直。

②读数和记录要认真仔细，避免读错和听错数字。

③爱护钢尺，收放钢尺时要小心慢拉，不可卷扭、打结。若发现有扭曲、打结情况，应细心解开，不能用力抖动，否则容易造成钢尺折断。

④转移尺段时，前、后尺手应将钢尺提高，不要在地面上拖拉摩擦，以免磨损尺面分划；钢尺伸展开后，不能让车辆从钢尺上通过，否则极易损坏钢尺。

3. 测量后

①丈量工作结束后，要用软布擦干净钢尺上的泥和水，然后涂上机油，以防生锈。

②一测回丈量完毕，应立即检查限差是否合乎要求。不合乎要求时，应重测。

任务二　TKS202 全站仪距离测量实施

利用全站仪进行距离测量具有无须定线、测量距离远、观测精度高、能够同时测得水平距离和倾斜距离等优点。

【任务描述】

如图 3-2-1 所示，现需要用全站仪一次性测定出倾斜地面 A、B 两点之间的水平距离与倾斜距离。

【任务目标】

1. 熟悉全站仪的安置操作方法。

2. 熟悉全站仪水平及倾斜距离测量的基本工作流程，能正确完成全站仪距离测量的工作任务。

【任务流程】

安置仪器—瞄准目标反射棱镜—水平距离(HD)测量—倾斜距离(SD)测量

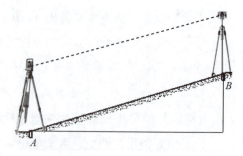

图 3-2-1　全站仪距离测量

环节一：安置仪器

①如图 3-2-1 所示，将全站仪安置于 A 点上，对中、整平，量取仪器高。

②在 B 点上安置反射棱镜，将棱镜高度设置为与仪器高度相同，然后对中、整平反射棱镜。

③点按电源开关按钮，此时屏幕亮起，进入初始角度测量页面。

环节二：瞄准目标反射棱镜

①利用望远镜粗瞄准器粗略瞄准目标。

②旋紧水平、垂直制动螺旋。

③利用物镜调焦螺旋将棱镜影像调清晰，利用目镜调焦螺旋将十字丝影像调清晰，反复调节消除视差。

④利用水平、垂直微动螺旋精确瞄准棱镜中心点。

环节三：水平距离(HD)测量

按操作键盘上的距离测量键，仪器自动开始距离测量，稍待几秒后，显示屏幕上出现 A、B 两点间水平距离的测量结果，如图 3-2-2 所示。

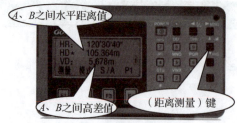

图 3-2-2　水平距离测量结果

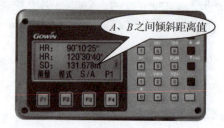

图 3-2-3　倾斜距离测量结果

环节四：倾斜距离(SD)测量

再次按操作键盘上的距离测量键，则屏幕上显示出 A、B 两点之间的倾斜距离的测量结果，如图 3-2-3 所示。

小贴士：

按操作键盘上的[ANG]（角度测量）键，则退出当前距离测量模式，返回初始的角度测量模式。

【技能拓展】视距法水平距离测量

视距法水平距离测量是利用水准仪或经纬仪望远镜内的视距丝（即十字丝的上、下丝），配合水准尺，间接测定地面两点间水平距离的一种方法。

视距法测量水平距离操作方便，但测量精度较低（>1/300），适用于对精度要求不高的距离测量工作。

1. 视线倾斜时的水平距离计算公式

$$D = kl\cos^2\theta$$

式中，D 为待测水平距离；k 为视距乘常数，仪器在出厂时已设定为 100；l 为尺间距，即上丝读数与下丝读数之差值；θ 为竖直角的角值。

2. 视线水平时的水平距离计算公式

$$D = kl$$

式中，D、k、l 含义同上式。

3. 具体操作

如图 3-2-4 所示，要用经纬仪大致测定出 A、B 两点间的水平距离，则：

①在 A 点安置经纬仪，对中、整平后量取仪器高。

②在 B 点竖立水准尺，将经纬仪置于盘左位瞄准水准尺，并使望远镜十字丝的横丝读数为所量的仪器高数值。

③参照经纬仪竖直角测量方法测定出 A、B 点间的竖直角。如图 3-2-4 所示，$\theta = 15°32′$。

④读取望远镜中十字丝上、下丝的水准尺读数。如图 3-2-5 所示，上丝读数为 0.852，下丝读数为 0.788。计算尺间距为：

$$L = 0.852\text{m} - 0.788\text{m} = 0.064\text{m}$$

⑤根据倾斜视线视距测量的公式，可计算出 A、B 之间的水平距离为：

$$D = kl\cos^2\theta = 100 \times 0.064\text{m} \times \cos^2 15°32′ = 5.94\text{m}$$

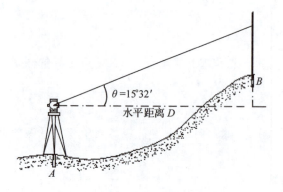

图 3-2-4　倾斜视线水平距离测量

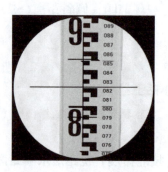

图 3-2-5　视距丝读数

⑥将经纬仪搬至 B 点，瞄准 A 点上的水准尺，重复以上观测步骤，计算出 B、A 间的水平距离。

⑦若 AB 与 BA 距离的相对误差 $K \leq 1/300$，则取平均值作为最后的观测结果。否则应重新观测。

 ## 任务三　直线方向的表示与测定

确定地面上两点在平面位置上的相互关系不仅要测定两点间的水平距离，还要测定两点连线的方向。而一条直线的方向，是用该直线与标准方向线之间的水平夹角来表示的。因此，确定地面一条直线与标准方向之间的角度关系的工作称为直线定向。

【任务描述】

如图 3-3-1 所示，AN 是过 A 点指向正北的一条方向线，要确定 AB 直线的地面方向，需要测定出 AB 与 AN 方向线之间的水平夹角 α。

【任务目标】

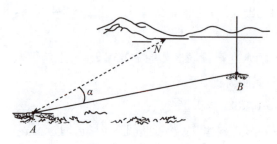

图 3-3-1　直线方向测定

1. 了解标准方向的含义，掌握标准方向的种类。

2. 掌握直线方向的两种表示方法——方位角与象限角的相互关系。

3. 熟悉罗盘仪的构造及使用方法，掌握罗盘仪测定磁方位角的基本操作。

【任务流程】

认知标准方向及直线方向的表示方法—认知罗盘仪—安置罗盘仪—瞄准目标点—测定直线磁方位角

【任务实施】

环节一：认知标准方向及直线方向的表示方法

1. 标准方向

测量中采用的标准方向主要有真子午线方向、磁子午线方向和坐标纵轴线方向。

（1）真子午线方向　通过地面上一点指向地球南、北两极的方向线，称为该点的真子午线方向，其北端也称真北方向。它是用天文测量的方法来确定的。

（2）磁子午线方向　磁针在地面某点自由静止时所指的方向线，称为该点的磁子午线方向，它指向地球的南、北磁极，其北端也称磁北方向，可用罗盘仪测得。

（3）坐标纵轴线方向　以平面直角坐标系的纵坐标轴为标准，通过测区内任一点与坐标纵轴平行的方向线，称为该点的坐标纵轴线方向。纵坐标轴北端方向亦称坐标北方向。

2. 直线方向的表示方法

在测量工作中，常采用方位角或象限角来表示直线的方向。

（1）方位角　从标准方向北端起，顺时针方向到某一直线的水平夹角，称为该直线的方位角。其角值范围为 0°~360°，如图 3-3-2 所示。

因标准方向不同，方位角又可分为真方位角 A、磁方位角 A_m、坐标方位角 α。

小贴士：

在园林测量中常采用坐标方位角 α 来确定直线方向。

一条直线有正、反两个方向，如图 3-3-3 所示，若 α_{AB} 称为该直线的正坐标方位角，则 α_{BA} 就称为该直线的反坐标方位角。由图中可以看出，该直线的正坐标方位角与反坐标方位角数值相差 180°。

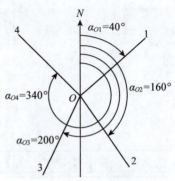

图 3-3-2　直线方位角表示

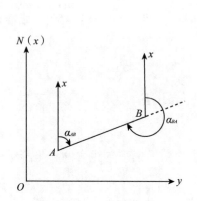
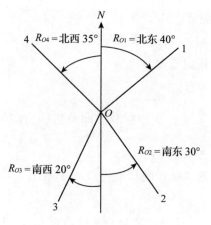

图 3-3-3　正、反坐标方位角　　　　图 3-3-4　直线象限角表示

由此推出正、反坐标方位角之间的关系式为：

$$\alpha_{AB} = \alpha_{BA} \pm 180°$$

(2)象限角　由标准方向的北端或南端起至某一直线所夹的锐角，称为该直线的象限角，常用 R 表示。其角值范围为 $0° \sim 90°$。

象限角不但要写出角值，还要在角值之前注明象限名称(北东或 NE、南东或 SE、南西或 SW、北西或 NW)，如图 3-3-4 所示。

(3)方位角与象限角之间的换算关系　由图 3-3-5 可以推算出方位角与象限角之间的换算关系如表 3-3-1 所示。

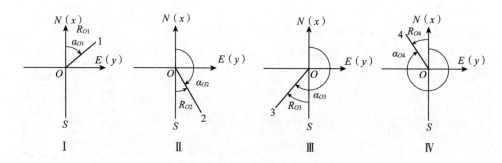

图 3-3-5　方位角与象限角的关系

表 3-3-1　方位角和象限角的换算关系

象限	Ⅰ	Ⅱ	Ⅲ	Ⅳ
换算关系	$\alpha = R$	$\alpha = 180° - R$ $R = 180° - \alpha$	$\alpha = 180° + R$ $R = \alpha - 180°$	$\alpha = 360° - R$ $R = 360° - \alpha$

环节二：认知罗盘仪

罗盘仪是测定直线磁方位角的一种仪器。其构造简单、使用方便，适用于精度要求不高的直线定向测量中。

罗盘仪主要由望远镜、刻度盘、磁针、基座4个部分组成，主要部件如图3-3-6所示。

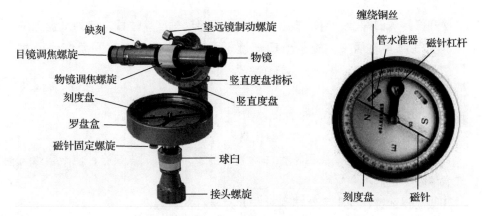

图 3-3-6　罗盘仪构造

1. 望远镜

主要由物镜、目镜和十字丝组成，用于照准目标。

2. 刻度盘

刻度盘为金属圆盘，随望远镜一起转动，其最小分划格值为1°，且每隔10°有一注记，按逆时针方向从0°注记到360°。刻度盘内装有两个相互垂直的管水准器，用手控制气泡居中，使罗盘仪水平。

3. 磁针

磁针用人造磁铁制成，支承在刻度盘中心的顶针尖端上。为了避免磁针帽与顶针尖的磨损，在不用时，可用位于罗盘盒底部的磁针固定螺旋升高磁针杠杆，将磁针固定在玻璃盖上。

我国处于北半球，为了抵消磁针两端所受地球磁极引力的不同，在磁针南端往往绕有几圈铜丝，用来保持磁针平衡并借以分辨磁针的南北端。

4. 基座

采用球臼结构，松开球臼螺旋，可掰动罗盘盒，使管水准气泡居中，刻度盘处于水平位置，然后拧紧球臼螺旋。

接头螺旋用于将罗盘仪与三脚架相连接。

环节三：安置罗盘仪

将罗盘仪安置在图 3-3-1 所示的 A 点位置，并在 B 点竖立标杆。

1. 对中

在三脚架头下方悬钩上挂上垂球，移动三脚架使垂球尖对准地面 A 点中心，对中的允许误差为 2cm。

2. 整平

松开仪器球臼螺旋，用手前后、左右俯仰掰动刻度盘位置，使刻度盘上的两个管水准气泡同时居中，旋紧球臼螺旋，固定刻度盘，此时罗盘仪处于水平位置。

环节四：瞄准目标点

①松开磁针固定螺旋，让磁针自由转动。

②转动罗盘仪瞄准 B 点目标标杆，调节目镜、物镜调焦螺旋，使十字丝与标杆成像清晰稳定。

③微动望远镜，使十字丝精确对准 B 点标杆的最底部。

环节五：测定直线磁方位角

待磁针静止后，在刻度盘上读取磁针北端所指的读数，即为所测 AB 直线的磁方位角。

小贴士：

①罗盘仪附近不要有铁质物体，要避免在高压线及钢铁建筑物附近观测，以防止磁针指向发生位移。

②测量完毕，应旋紧磁针固定螺旋，将磁针顶起以防止磁针磨损。

③读数时应正面对着磁针，并顺着注记增大方向读取。

任务四　园林施工水平距离测设

水平距离测设是根据给定直线的起点和方向，将设计的线段长度标定出来。

【任务描述】

如图 3-4-1 所示，A 点是施工场地上的一个已知点，现欲从 A 点出发，测设一条距离为 150m 的水平距离，并在地面点标定出端点 B 点的位置。

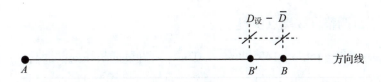

图 3-4-1 水平距离测设

【任务目标】
掌握运用钢尺或全站仪进行水平距离测设的具体操作方法。

【任务流程】
方法一：用钢尺测设水平距离
直线定线—往测测设水平距离—返测测设水平距离—校验测设结果—调整直线端点位置

【任务实施】

环节一：直线定线

利用经纬仪完成该测设直线方向的定线工作(参见任务一环节一)。

环节二：往测测设水平距离

利用钢尺采用分段丈量的方法，从起点 A 点开始，沿着直线方向测定出 150m 的水平距离，标定出该直线的端点 B' 点(图 3-4-1)。

环节三：返测测设水平距离

从 B' 点出发，沿 $B'A$ 方向用钢尺返测丈量出 B'、A 之间的水平距离，假设为 149.98m。

环节四：校验测设结果

根据公式计算该段测设距离的精度，即：

$$K = \frac{|\Delta D|}{\bar{D}} = \frac{|150 - 149.96|}{(150 + 149.96)/2} = \frac{0.04}{149.98} = \frac{1}{3750}$$

$$K_允 \leq \frac{1}{3000} \quad K = \frac{1}{3750} \leq \frac{1}{3000}$$

本次测设结果合格。

环节五：调整直线端点位置

已知 $D_{设} - \overline{D} = 150\text{m} - 149.98\text{m} = 0.02\text{m}$，沿直线延长线向前调整端点位置 B' 至 B，并使 $B'B = D_{设} - \overline{D} = 0.02\text{m}$，最终在地面上标定出 AB 直线的端点 B 点的位置（图 3-4-1）。

小贴士：

当 $B'B$ 的数值为正值时，将 B' 往直线前方移动；反之，当 $B'B$ 的数值为负值时，则将 B' 往直线后方移动。

方法二：用全站仪测设水平距离

安置仪器—设置参数—测设距离—标定地面测设点位

【任务实施】

环节一：安置仪器

在起始点 A 点安置全站仪，对中、整平仪器，瞄准 AB 方向线。

环节二：设置参数

①开机，按操作键盘上的距离测量键，进入距离测量模式，如图 3-4-2 所示。

②按 F4（翻页）键，进入第二页，如图 3-4-3 所示。

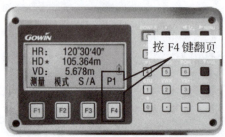

图 3-4-2　全站仪距离测量界面

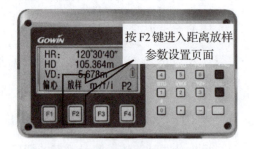

图 3-4-3　距离测量模式第二页

③按 F2（放样）键，进入距离放样参数设置页面，如图 3-4-4 所示。

④按 F1 键，选择平距放样参数设置，设置水平距离长为 150.000m，如图 3-4-5 所示。

 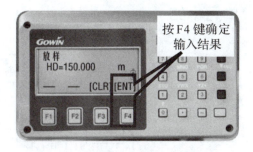

图 3-4-4　距离放样参数设置页面　　　　图 3-4-5　设置水平距离放样参数页面

环节三：测设距离

按 F4（ENT）键，仪器开始进行水平距离放样测量，并在屏幕上显示出测量距离与放样距离之差，如图 3-4-6 所示。

小贴士：

显示值 = 测量距离 − 放样距离

当显示值为负值时，应将目标棱镜向远离测量仪器的方向移动；当显示值为正值时，则应将目标棱镜向靠近测量仪器的方向移动。

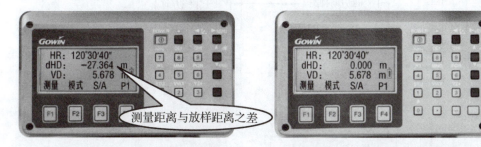

图 3-4-6　水平距离放样测量　　　　图 3-4-7　水平距离放样结果

环节四：标定地面测设点位

①前后移动目标棱镜，直至显示屏上显示距离差等于 0.000m 为止，如图 3-4-7 所示。

②最终在地面上标定出 AB 直线的端点 B 点的位置。

单元三　距离测量与测设　　81

单元小结

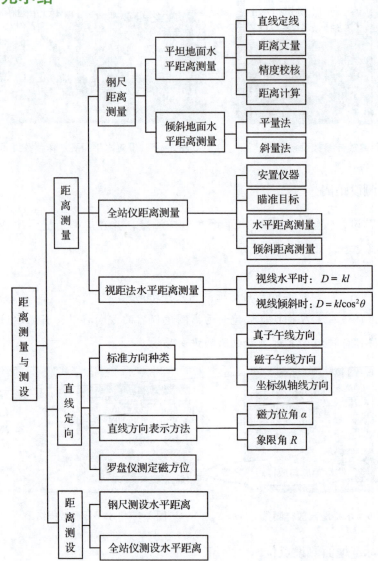

单元练习

一、基本概念

直线定线　直线定向　相对误差　方位角　象限角

二、填空

1. 距离丈量是指丈量地面上两点间的_____距离。

2. 在倾斜地面丈量水平距离时，可采用_____法和_____法。

3. 某条直线的方位角为80°，则其象限角为_____；某条直线的象限角为北西10°，则其方位角为_____。

4. 同一直线的正方位角与反方位角理论上相差_____。

5. 罗盘仪是测定_____的主要工具，主要由_____、_____和_____3个部分构成。

6. 罗盘仪磁针_____端绕有铜线。

三、单项选择题

1. 确定一直线与基本方向线之间的角度关系的工作就称为（　　）。

   A. 直线定向　　B. 直线定线　　C. 方位角　　D. 象限角

2. 直线象限角的角值范围为（　　）。

   A. 0°~180°　　B. 90°~180　　C. 0°~90°　　D. 45°~90°

3. 磁方位角是以（　　）为标准方向，顺时针转到所测直线的夹角。

   A. 真子午线方向　　B. 磁子午线方向　　C. 坐标纵轴方向　　D. X轴

4. 在地面标定出同一直线上的若干节点，以便于分段丈量直线距离，这项工作被称为直线（　　）。

   A. 定标　　B. 定线　　C. 定段　　D. 定向

5. 在平坦地区，钢尺量距的相对误差一般不应大于（　　）。

   A. 1/1000　　B. 1/2000　　C. 1/3000　　D. 1/4000

6. 在第Ⅱ象限时，象限角 R 与坐标方位角 α 的关系为（　　）。

   A. $R = 180° - \alpha$　　B. $R = 180° + \alpha$　　C. $R = \alpha - 180°$　　D. $R = \alpha + 180°$

四、计算题

实地丈量了 AB、CD 两段距离，AB 的往测长度为246.68m，返测长度为246.61m；CD 的往测长度为435.888m，返测长度为435.98m。请计算哪一段的量距精度较高。

五、思考题

1. 何谓直线定线？目估定线通常是如何进行的？

2. 何谓直线定向？在直线定向中有哪些标准方向线？它们之间存在什么关系？

3. 罗盘仪测定直线磁方位角的工作流程有哪些？

技能考核

罗盘仪测定磁方位角

1. 考核内容

用罗盘仪测定出指定直线的磁方位角。

2. 考核方法

①在考核前，先选定地面上 AB 直线，在 A 点安置罗盘仪，在 B 点竖立标杆。

②在每个学生操作前，由教师将已安装于三脚架上的罗盘仪望远镜目镜及物镜对光螺旋随意拨动几下，然后由学生独立操作测定出 AB 直线的磁方位角，填写罗盘仪磁方位角测定考核表。

3. 评分标准

（1）观测值准确性（40 分）

根据观测结果与标准值的差异评定。方位角读值偏差 ±30′，扣该项分值的 50%；偏差超过 1°，则此项不得分，需重考。

（2）操作正确规范（30 分）

根据整个观测过程各项操作准确、规范程度与否评定(如：对中是否超过精确；整平是否符合要求；十字丝是否调清晰；照准目标是否准确、清晰等)。

（3）操作熟练程度（30 分）

在 3min 内完成计满分，以此为基准，每超过 30s，扣该项的 10%，扣完为止。且以 10min 完成为限，超过 10min 则需重考。

罗盘仪磁方位角测定考核表

操作者：_____ 仪器号：_____ 考核日期：____年___月___日

方向线	磁方位角值	操作时间	合计得分
$α_{AB}$			
评分项目	操作正确规范（30 分）	操作熟练程度（30 分）	观测值准确性（40 分）
得 分			

单元四
坐标测量与测设

单元介绍

地面点的平面位置通常是用一组平面坐标值(x,y)来表示的。在园林工程测量中,无论是地形测量还是施工放样测量,都需要在测区内布设若干施工控制点,并测定出控制点的平面位置(x,y),并以此作为测定测区内其他地面点平面位置的依据。

本单元围绕地面点坐标的测量与测设工作组织了3个学习任务,主要学习工程控制点坐标测量、地形图碎部点坐标测量、园林施工点位坐标测设工作。

单元目标

1. 理解坐标测量与测设的含义。
2. 掌握导线测量方法测定工程控制点坐标的外业观测及内业计算方法、步骤。
3. 掌握利用全站仪进行地形图碎部点坐标测量的观测方法。
4. 掌握利用全站仪进行园林施工点位坐标测设的施测方法。
5. 形成园林工程施工中地面点坐标测量与测设的职业工作能力。

单元导入

在园林工程施工过程中,为了统一施工区域的坐标系统和限制误差积累,必须按照测量工作的基本程序先进行控制测量,再进行碎部测量或工程测设。

控制测量的任务是确定少数具有全局控制意义、精度较高的地面点的位置,这些点称为控制点。测定控制点平面位置坐标值(x,y)的工作,称为平面控制测量。测定控制点高程 H 的工作,称为高程控制测量。

知识链接:

在地形测量中,应遵循"从整体到局部""先控制后碎部""由高精度到低精度"的原则。为使各地区、各单位所测绘的地形图纸能相互拼接为一个整体,并且精度均匀,我国已经在全国范围内建立了统一的国家控制网和城市控制网,具体又分为平面控制网和高程控制网。

为满足园林工程施工测图的需要,在上述控制网的基础上进一步加密控制点,称为图根控制网。

在园林工程施工测量中,通常采用导线测量的方法来测定控制点的平面坐标值(x,y)。所谓导线测量,是指在地面上按照一定的要求选定一定数量的控制点(导线点),将相邻控制点连成折线(导线),依次测定其边长和转折角值,然后根据已知控制点的坐标,推算出其余各点的坐标值。

根据测区自然地形条件、已知坐标控制点的分布情况及测量工作的实际需要,导线测量的路线布设形式主要分为以下3种。

1. 闭合导线

如图4-0-1(a)所示,从已知坐标控制点 A 点出发,经过若干个导线点后,最后又返回到起点 A 点所形成的一条闭合多边形路线,称为闭合导线。

闭合导线通常适合于块状测区的导线布设。

2. 附合导线

如图4-0-1(b)所示,从已知坐标控制点 B 点出发,经过若干个导线点后,最后附合到另一已知坐标控制点 C 点上形成的多边形路线,称为附合导线。

附合导线通常适合于狭长带状测区的导线布设。

3. 支导线

如图4-0-1(a)中 A-$1'$-$2'$所示路线,从一个已知坐标控制点出发,既不附合到另一个已知坐标控制点,也不回到原起点控制点的导线,称为支导线。

支导线由于不具备检核条件,故一般只允许布置2~3点,用来补充导线点的不足。

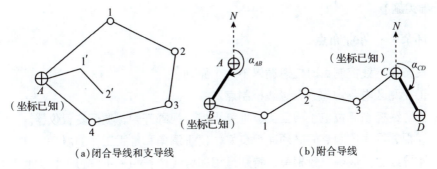

(a)闭合导线和支导线　　　　　　　(b)附合导线

图 4-0-1　导线布设形式

任务一　闭合导线控制点坐标测量

【任务描述】

如图 4-1-1 所示，A、1、2、3 点为施工控制点，其中 A 点坐标值为已知（$X_A = 520.00$，$Y_A = 520.00$），现通过布设一条闭合导线，利用闭合导线测量方式测定出 1、2、3 点的平面坐标值。

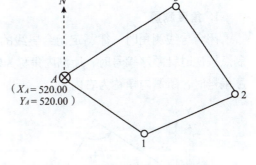

【任务目标】

1. 能够根据测区情况进行导线控制点的布点。

2. 掌握闭合导线控制点坐标测量的外业观测及内业计算方法、步骤。

图 4-1-1　闭合导线控制点坐标测量

【任务流程】

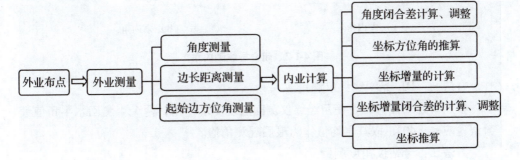

单元四　坐标测量与测设　87

【任务实施】

环节一：外业布点

在布设导线控制点时应遵循以下几个原则：

①在测区内要均匀分布导线控制点。

②导线控制点位应土质坚实、地势平坦、视野开阔，便于安置仪器。

③相邻导线控制点间必须通视良好，便于测角和量距工作的展开。

④导线边长最好大致相等，特别是相邻导线边长相差不宜过大，以免影响测角精度。

导线控制点位置选定后，应立即在地面设置标志。在土地上可用木桩标定，在水泥地上可用红色油漆标定。

导线控制点要按顺序编号，并绘制导线控制点分布略图以方便查找点位。

环节二：外业测量

1. 角度测量

闭合导线测角时一律测定闭合导线的内角。如图 4-1-2 所示，当闭合导线控制点按逆时针顺序编号时，所测内角称为左内角；当闭合导线控制点按顺时针顺序编号时，所测内角称为右内角。

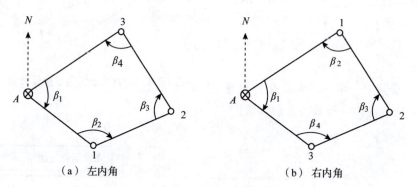

（a）左内角　　　　　　　　（b）右内角

图 4-1-2　闭合导线测内角

方法一：DJ_6 光学经纬仪测角

参照单元二任务二，使用经纬仪测回法观测水平角，两个半测回水平角值读数误差应 ≤ ±40″，取其平均值作为最后观测角值。

方法二：全站仪角度测量

参见单元二任务二中 TKS202 全站仪水平角测量实施。

2. 边长距离测量

方法一：钢卷尺距离测量

参照单元三任务一钢尺法测量水平距离，采用往返丈量或同向丈量两次，丈量结果的相对误差应≤1/3000，取其平均值作为最后距离。

方法二：全站仪距离测量

参见单元三任务二。

3. 起始边方位角测量

对于闭合导线，通常用罗盘仪测定出起始边的坐标方位角。具体测量方法参见单元三任务三，使用罗盘仪测定直线磁方位角。

环节三：内业计算

1. 角度闭合差的计算、调整

闭合导线多边形理论上的内角总和应为：

$$\sum \beta_{理} = (n-2) \times 180°$$

实测内角总和为 $\sum \beta_{测}$，二者之差称为角度闭合差 f_β，即：

$$f_\beta = \sum \beta_{测} - \sum \beta_{理}$$

角度闭合差的允许值 $f_{\beta 允}$ 为：

$$f_{\beta 允} = \pm 40'' \sqrt{n}$$

当 $|f_\beta| \leq |f_{\beta 允}|$ 时，说明角度测量成果符合精度要求，此时按"符号相反，平均分配"的原则将闭合差按相反符号平均分配到各观测角中。如有余数，可分配给有短边的角。

调整后的内角总和应严格等于 $(n-2) \times 180°$。

若角度闭合差超限，首先检查内业计算或外业记录有无错误，如果都检查不出问题，则外业测角返工重测。

2. 坐标方位角的推算

根据起始边的坐标方位角和改正后的闭合导线内角值推算各导线边的坐标方位角，公式如下：

$$\alpha_{前} = \alpha_{后} + \beta_{左} - 180° \quad 或 \quad \alpha_{前} = \alpha_{后} - \beta_{右} + 180°$$

式中，$\alpha_{前}$、$\alpha_{后}$ 为沿导线前进方向前一边、后一边的坐标方位角；$\beta_{左}$、$\beta_{右}$ 为闭合导线的左内角、右内角。

闭合导线坐标方位角的推算从起始边开始，最后又回到起始边，两次数值相等则说明计算无误。

小贴士：

利用上述公式计算坐标方位角时，若结果出现负值，应加上360°；若结果超过360°，则应减去360°。

3. 坐标增量的计算

坐标增量是指相邻导线控制点的坐标值之差。

如图 4-1-3 所示，导线上相邻两控制点 1 (x_1，y_1) 和 2 (x_2，y_2)，其距离为 D，坐标方位角为 α，从直角三角形中可知：

纵坐标增量 $\Delta x_{12} = x_2 - x_1 = D\cos \alpha_{12}$

横坐标增量 $\Delta y_{12} = y_2 - y_1 = D\sin \alpha_{12}$

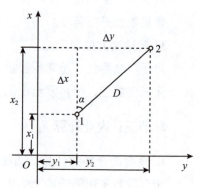

图 4-1-3　坐标增量

对于闭合导线而言，由于其起点和终点是同一个导线点，因此其坐标增量的代数和理论上应为 0，即：

$$\sum \Delta x_{理} = 0 \qquad \sum \Delta y_{理} = 0$$

4. 坐标增量闭合差的计算、调整

测量误差的存在，使得计算出的坐标增量的代数和不等于零。坐标增量的代数和与理论值之间的差值称为坐标增量闭合差。通常用 f_x 表示纵坐标增量闭合差，f_y 表示横坐标增量闭合差，对于闭合导线，则：

$$f_x = \sum \Delta x_{测} - \sum \Delta x_{理}(0) = \sum \Delta x_{测}$$

$$f_y = \sum \Delta y_{测} - \sum \Delta y_{理}(0) = \sum \Delta y_{测}$$

（1）导线全长闭合差　如图 4-1-4 所示，由于有坐标增量闭合差 f_x、f_y，使得导线不闭合，A、A' 两点之间的距离 f 称为导线全长闭合差，即：

$$f = \sqrt{f_x^2 + f_y^2}$$

（2）导线全长相对闭合差　导线测量的精度是用导线全长相对闭合差 K 值衡量的，K 是导线全长闭合差 f 与导线边长总和的比值并

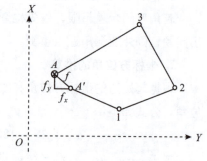

图 4-1-4　闭合导线坐标增量闭合差

以分子为1的分数形式表示的，即：

$$K = \frac{f}{\sum D} = \frac{1}{\frac{\sum D}{f}}$$

（3）导线全长相对闭合差允许值

$$K_允 \leq \frac{1}{2000}$$

（4）坐标增量闭合差的调整　若 $K > K_允$，则先检查内业计算是否有误，然后检查外业数据，如都无错误，到现场检查。如查不出原因，须重测。若 $K < K_允$，则对闭合差进行调整，调整的原则是将 f_x、f_y 反符号按边长成比例分配到各边的纵、横坐标增量中。

设闭合导线上一边边长为 D，则该边的纵横坐标增量的改正数 V_x、V_y 分别为：

$$V_x = -\frac{f_x}{\sum D} \times D_i$$

$$V_y = -\frac{f_y}{\sum D} \times D_i$$

（5）坐标推算　根据起始导线控制点的已知坐标及改正后的坐标增量 Δx、Δy，即可依次计算出各导线控制点的坐标值，即：

$$x_前 = x_后 + \Delta x$$
$$y_前 = y_后 + \Delta y$$

闭合导线终点即为始点，故推算出的终点坐标值必须与其原坐标值一致，否则说明中间计算有误，需要重新计算。

表 4-1-1　闭合导线坐标测量已知数据及观测成果

点号	观测角 (° ′ ″)	坐标方位角 (° ′ ″)	边长 (m)	坐标(m)	
				x	y
A		150　30　00	83.88	520.00	520.00
1	98　39　36		108.61		
2	88　36　06		91.23		
3	87　25　00		119.18		
A	85　18　00				

表 4-1-2　闭合导线坐标计算表

点号	角值(° ′ ″)		方位角(° ′ ″)	边长(m)	坐标增量(m)		改后坐标增量(m)		坐标(m)	
	观测角值	改后角值			Δx	Δy	$\Delta x'$	$\Delta y'$	x	y
A			150 30 00	83.88	(−0.01) −73.01	(−0.02) +41.30	−73.02	+41.28	520.00	520.00
1	(+18) 98 39 36	98 39 54							446.98	561.28
			69 09 54	108.61	(−0.02) +38.63	(−0.03) +101.51	+38.61	+101.48		
2	(+18) 88 36 06	88 36 24							485.59	662.76
			337 46 18	91.23	(−0.02) +84.45	(−0.03) −34.51	+84.43	−34.54		
3	(+18) 87 25 06	87 25 24							570.02	628.22
			245 11 42	119.18	(−0.02) −50.00	(−0.04) −108.18	−50.02	−108.22		
A	(+18) 85 18 00	85 18 18							520.00	520.00
2			150 30 00							
Σ	359 58 48	360 00 00		402.90	+0.07	+0.12	0	0		

辅助计算：
$f_\beta = \Sigma\beta_{测} - \Sigma\beta_{理} = 359°58'48'' - 360°00'00'' = -72''$
$f_{\beta允} = \pm 40''\sqrt{4} = \pm 80''$
$|f_\beta| < |f_{\beta允}|$
$f_x = +0.07\text{m}, f_y = +0.12\text{m}, f = \sqrt{f_x^2+f_y^2} = 0.139\text{m}$
$K = f/\Sigma D = 0.139/402.90 = 1/2899 < K_允 = 1/2000$

导线略图

表 4-1-1 为图 4-1-1 所示闭合导线外业测量整理后的数据，已知起始导线点的坐标为(520.00，520.00)，起始 A_1 边的坐标方位角 $\alpha_{A_1} = 150°30'00''$。

将表 4-1-1 中闭合导线外业整理数据填入表 4-1-2 中，按环节三所述内业计算步骤，完成闭合导线控制点坐标的计算工作，计算结果见表 4-1-2。

【技能拓展】附合导线控制点坐标计算

图 4-1-5 所示为一附合导线布设略图。其中 A、B、C、D 为已知高级控制点，其各点坐标值及方位角 α_{AB}、α_{CD} 均为已知。

附合导线的坐标计算与闭合导线的坐标计算过程基本相同，但在角度闭合差与坐标增量闭合差的计算上，二者则略有不同。

1. 角度闭合差的计算与调整

附合导线一般测定导线前进方向的左角，根据起始边 AB 边的坐标方位角 α_{AB} 及各点上的观测角 $\beta_左$，由如下坐标方位角推算公式可以推算出 CD 边的坐标方位角 α_{CD}，即：

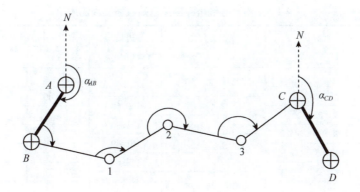

图 4-1-5　附合导线布设略图

$$\alpha'_{CD} = \alpha_{AB} + \sum\beta_左 - n180°$$

式中，$\beta_左$ 为导线左侧方向的连接角或转折角；n 为导线左角及连接角的总个数。

由于测量误差的存在，使得推算出的 CD 边的坐标方位角 α'_{CD} 与已知的 CD 边坐标方位角 α_{CD} 并不相等，其差值即是附合导线的角度闭合差 f_β，即：

$$f_\beta = \alpha'_{CD} - \alpha_{CD}$$

附合导线角度闭合差的调整原则和方法，与闭合导线相同。

小贴士：

如果附合导线观测的是右角，则：

$$\alpha'_{CD} = \alpha_{AB} - \sum\beta_右 + n180°$$

对角度闭合差进行调整时，改正数的符号与角度闭合差的符号相一致。

2. 坐标增量闭合差的计算

附合导线中的起点与终点之间的坐标增量代数和的理论值，应等于该两点已知的坐标值之差，即：

$$\sum\Delta x_理 = x_终 - x_始 \qquad \sum\Delta y_理 = y_终 - y_始$$

则附合导线坐标增量闭合差 f_x、f_y 的计算公式为：

$$f_x = \sum\Delta x_测 - \sum\Delta x_理 = \sum\Delta x_测 - (x_终 - x_始)$$

$$f_y = \sum\Delta y_测 - \sum\Delta y_理 = \sum\Delta y_测 - (y_终 - y_始)$$

表 4-1-3 为图 4-1-5 所示附合导线外业测量整理后的数据，已知起始导线点 B 点的坐标为 (534.66，252.54)，起始 AB 边的坐标方位角 $\alpha_{AB} = 237°56'50''$；已知终点导线点 C 点的坐标为 (204.27，543.69)，终止 CD 边的坐标方位角 $\alpha_{CD} = 138°28'38''$。

表 4-1-3　附合导线坐标测量已知数据及观测成果

点号	观测角 (° ′ ″)	坐标方位角 (° ′ ″)	边长 (m)	坐标(m)	
				x	y
A		237　56　50			
B	173　25　10			534.66	252.54
			160.60		
1	77　23　20				
			171.90		
2	158　10　45				
			161.49		
3	193　35　15				
			148.63		
C	197　58　05			204.27	543.69
D		138　28　38			

将表 4-1-3 中附合导线外业整理数据填入表 4-1-4 中，完成附合导线控制点坐标的计算，计算结果见表 4-1-4。

表 4-1-4　附合导线坐标计算

点号	角值(° ′ ″)		方位角 (° ′ ″)	边长 (m)	坐标增量(m)		改后坐标增量(m)		坐标(m)	
	观测角值	改后角值			Δx	Δy	$\Delta x'$	$\Delta y'$	x	y
A			237 56 50							
B	(−9) 173 25 10	173 25 01	231 21 51	160.60	(−0.01) −100.27	(0.00) −125.45	−100.28	−125.45	534.66	252.54
1	(−9) 77 23 20	77 23 11	128 45 02	171.90	(−0.01) −107.60	(0.00) +134.06	−107.61	+134.06	434.38	127.09
2	(−9) 158 10 45	158 10 36	106 55 38	161.49	(−0.01) −47.02	(0.00) +154.49	−47.03	+154.49	326.77	261.15
3	(−10) 193 35 15	193 35 05	120 30 43	148.63	(−0.01) −75.46	(0.00) +128.05	−75.47	+128.05	279.74	415.64
C	(−10) 197 58 05	197 57 55	138 28 38						204.27	543.69
D										
∑	800 32 35	800 31 48		642.62	−330.35	+291.15	−330.39	+291.15		

辅助计算

$f_\beta = \alpha'_{CD} - \alpha_{CD} = (237°56'50'' + 800°32'35'' - 5 \times 180°) - 138°28'38'' = +47''$

$f_{\beta允} = \pm 40''\sqrt{5} = \pm 89''$

$|f_\beta| < |f_{\beta允}|$

$f_x = -330.35 - (-330.39) = +0.04 \text{(m)}$

$f_y = 291.15 - 291.15 = 0 \text{(m)}$

$f = \sqrt{f_x^2 + f_y^2} = 0.04 \text{(m)}$

$K = f/\sum D = 0.04/642.62 = 1/16066 < K_允 = 1/2000$

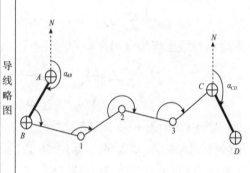

导线略图

任务二 TKS202 全站仪地物碎部点坐标测量

地面上地物和地貌的平面轮廓都是由一些特征点所决定的，这些特征点称为碎部点。

【任务描述】

如图 4-2-1 所示，A、B 两点是施工场地上的两个已知坐标控制点，现欲从 A 点出发，分别测量出地物碎部点 1、2、3、4 点的坐标值。

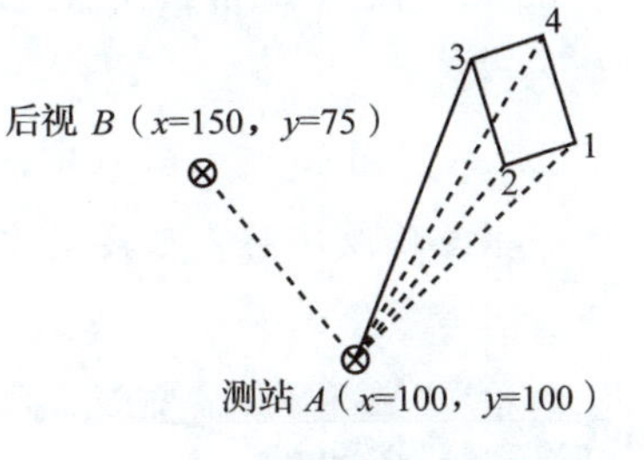

图 4-2-1 全站仪地物碎部点坐标测量

【任务目标】

1. 了解地物碎部点坐标测量的目的。
2. 掌握全站仪地物碎部点坐标测量的施测方法及施测流程。
3. 熟练完成全站仪地物碎部点坐标测量工作。

【任务流程】

安置仪器—建立测量数据存储文件—输入测站点坐标数据—瞄准后视点定向—碎部点坐标测量—坐标测量数据输出

【任务实施】

环节一：安置仪器

在测站点（已知坐标控制点）A 点上安置全站仪，对中、整平后，开机。

环节二：建立测量数据存储文件

①按键盘上 MENU（菜单）键，进入"菜单"页面，如图 4-2-2 所示。
②按 F1（数据采集）键，进入"选择测量文件"页面，如图 4-2-3 所示。

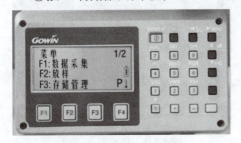

图 4-2-2 全站仪菜单页面

图 4-2-3 数据采集设置页面

③要新建测量文件，则按 F1（输入）键，为新建测量数据存储文件命名，如图 4-2-4 所示。

小贴士：

①如图 4-2-4 所示，仪器默认是数字输入模式，按 F1［ALP］则仪器切换到字母输入模式。

②按 F2［SPC］键，输入空格；按 F3［CLR］键，则删除全部已输入字符。

③若要修改字符，可按操作键盘上的［◀］或［▶］键将光标移到待修改的字符上，再重新输入。

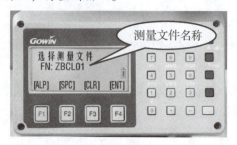
图 4-2-4　输入测量文件名称

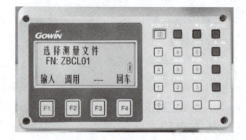
图 4-2-5　返回上一工作页面

④给测量文件起好名称后，按 F4［ENT］键，返回上一工作页面，如图 4-2-5 所示。

⑤按 F4（回车）键，进入"选择坐标文件"页面，如图 4-2-6 所示。可以为坐标测量数据单独建立一个坐标文件，也可以将测量数据与坐标数据共用一个文件。

⑥若坐标数据与测量数据共用一个文件，则直接按 F4（返回）键，进入"数据采集"页面，如图 4-2-7 所示。

图 4-2-6　输入坐标文件名称

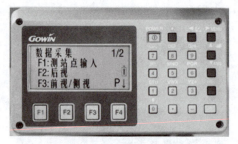
图 4-2-7　数据采集页面

环节三：输入测站点坐标数据

①按 F1（输入）键，输入点号、编码、仪高，如图 4-2-8 所示。

②按 F4（测站）键，输入测站点坐标，如图 4-2-9 所示。

③输入完测站点坐标后，按 F4（ENT）键，返回图 4-2-8 所示页面，按 F3（记录）键，完成测站点坐标数据的记录工作，仪器自动返回图 4-2-7 所示工作页面。

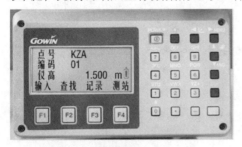 

图 4-2-8　输入点号、编码、仪高　　　　图 4-2-9　测站点坐标输入

环节四：瞄准后视点定向

①在图 4-2-7 所示页面上，按 F2（后视）键，进入图 4-2-10 所示页面，输入后视点点号、编码、镜高等数据。

②输入完相关数据后，按 F4（ENT）键，进入图 4-2-11 所示页面。

 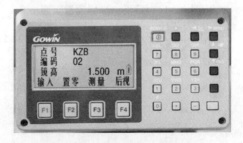

图 4-2-10　后视点点号、编码、镜高值输入　　图 4-2-11　完成后视点参数输入

③按 F4（后视）键，进入后视点定向页面，如图 4-2-12 所示。

方法一：输入已知后视点坐标定向

a. 按 F3（NE/AZ）键，在新页面中输入后视点坐标值，如图 4-2-13 所示。

b. 按 F4（ENT）键，返回图 4-2-11 所示工作页面。

c. 瞄准后视点 B 点后，按 F3（测量）键，进入新的工作页面，如图 4-2-14 所示。

图 4-2-12　后视点定向页面　　　　图 4-2-13　后视点坐标输入

d. 按 F3(坐标)键，仪器测定 B 点坐标并自动记录后，返回图 4-2-7 所示"数据采集"工作页面。

方法二：输入 AB 直线已知方位角定向

a. 在图 4-2-12 所示页面上，按 F3(NE/AZ)键，进入后视点定向方式选择页面，如图 4-2-15 所示。

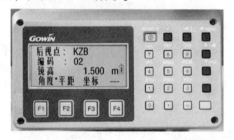
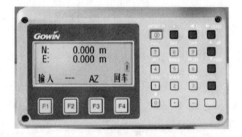

图 4-2-14　后视点坐标测量页面　　　　图 4-2-15　后视点定向方式选择页面

b. 按 F3(AZ)键，在新进入页面中输入后视点已知坐标方位角(345°30′00″)的数值，如图 4-2-16 所示。

c. 按 F4(ENT)键，进入后视点方位角测量页面，如图 4-2-17 所示。

d. 按 F3(测量)键，测量后视点坐标并自动记录后，返回图 4-2-7 所示"数据采集"工作页面。

图 4-2-16　输入后视点方位角的角值　　　　图 4-2-17　后视点方位角测量页面

环节五：碎部点坐标测量

①旋转仪器望远镜瞄准碎部 1 点反射棱镜。

②在图 4-2-7 所示页面中按 F3（前视／侧视）键，在新进入页面上输入碎部 1 点的点号、编码、镜高等数据，如图 4-2-18 所示。

③按 F3（测量）键，仪器测定 1 点坐标值并自动记录后，进入下一点坐标测量页面并自动 生成下一碎部点的点号，如图 4-2-19 所示。

④瞄准碎步 2 点反射棱镜后，按 F4（同前）键，自动测量并记录 2 点的坐标值。

⑤重复以上操作步骤，依次完成 3、4 碎部点坐标值的测量和记录工作。

 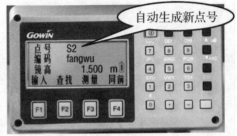

图 4-2-18　碎部点点号、编码、镜高输入　　　图 4-2-19　下一碎部点坐标测量页面

环节六：坐标测量数据输出

①在电脑上安装仪器配套的测量数据接收软件，用配套数据线将全站仪与电脑连接起来。

②打开全站仪，按键盘上的 MENU（菜单）键，进入"菜单"页面，如图 4-2-2 所示。

③按 F3（存储管理）键后，连续按 F4（P 翻页）键两次，进入存储管理第三页面，如图 4-2-20 所示。

④按 F1（数据通讯）键，选择数据传输格式为 GTS 格式，进入"数据传输"选择页面，如图 4-2-21 所示。

⑤按 F3（通讯参数）键，设置必要的通讯参数如下：

协议：ACK/NAK。

波特率：9600。

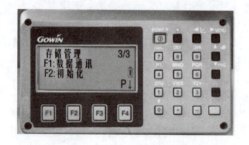
图 4-2-20　存储管理第三页面

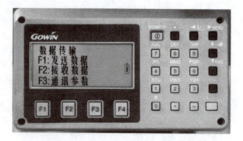
图 4-2-21　数据传输选择页面

字符/校验：8/无校验。

停止位：1。

⑥设置完通讯参数后，按键盘上的 ESC(退出)键，返回图 4-2-21 所示页面。

⑦按 F1(发送数据)键，选择发送数据为"坐标数据"，调出坐标数据文件夹，选择发送。

⑧在电脑上打开数据接收软件，点击通讯状态设置键，弹出"通讯状态"设置页面，按照与仪器相同的"通讯参数"进行设置，如图 4-2-22 所示。

⑨设置完成后，点击"开始"按钮，电脑开始接收测量数据，结果如图 4-2-23 所示。

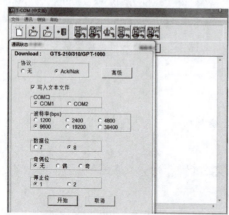
图 4-2-22　数据接收软件"通讯状态"设置页面

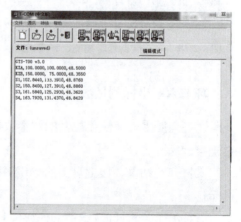
图 4-2-23　坐标测量数据输出结果

【知识拓展】地形测量相关知识

一、园林测量图纸种类

地球表面上的各种天然形成或人工建造的固定物体称为地物，地球表面高低起伏的各种形态称为地貌，地物和地貌总称为地形。

测量工作的成果,是将测区内的地物和地貌用一定的测绘方法绘制到测量图纸上。在园林工程建设施工过程中,经常用到的图纸类型有平面图、地形图、断面图3类。

1. 平面图

当测区面积较小(半径≤10km)时,将测区内的地物轮廓沿铅垂方向投影到水平面上,按一定比例缩绘而成的图称为平面图(地物图)。平面图能够正确反映测区内实地地物的形状、大小以及地物之间的平面位置关系。

2. 地形图

在图上不仅表示测区内地物的平面位置,同时还用等高线等方式表示出测区内的地貌,称为地形图。

3. 断面图

表示测区内某一方向地面高低起伏变化的图,称为断面图。

二、地物与地貌的表示方法

地物与地貌在地形图上通常用地物符号、地貌符号及文字注记来表示,以上总称为地形图图式。地形图图式是测绘和使用地形图所依据的技术条件之一。

表 4-2-1 所列图式示例,节选自《国家基本比例尺地图图式 第 1 部分:1:500、1:1000、1:2000 地形图图式》(GB/T 20257.1—2007)。

1. 地物符号

地形图上表示地物的符号主要有依比例符号、非依比例符号、半依比例符号和注记符号等。

(1)依比例符号 对于一些平面轮廓比较大的地物,如房屋、湖泊、池塘等,其轮廓尺寸按测图比例绘制在图上后,既能精确表示出地物的平面位置,也能如实反映地物的形状和大小,这种地物符号称为依比例符号。

(2)非依比例符号 对于一些平面轮廓比较小的地物,如纪念碑、电线杆、独立树等,其轮廓尺寸按测图比例已不能在图上表示出来,则用一种特定的图式符号将地物的中心位置表示出来,这种只表示地物的中心位置而不表示其形状和大小的地物符号称为非依比例符号。

(3)半依比例符号 对于一些平面轮廓比较狭长的地物,如道路、电线、河流等,其长度可以按测图比例尺缩绘,但宽度却不能按比例绘出,这类地物符号称为半依比例符号。

(4)注记符号　在地物符号中用来补充地物信息而加注的文字、数字或符号统称为注记符号，如点的高程、楼房层数、地面植被符号、水流方向等。

表4-2-1　地形图图式(节选)

编号	符号名称	符号样式 1:500	1:1000	1:2000	符号细部图	多色图色值
4.1.1	三角点 a. 土堆上的 张湾岭、黄土岗——点名 156.718、203.633——高程 5.0——比高	3.0 △ 张湾岭/156.718	a 5.0 △ 黄土岗/203.623			K100
4.1.3	导线点 a. 土堆上的 116、123——等级、点号 84.46、94.40——高程 2.4——比高	2.0 ⊙ I16/84.46	a 2.4 ⊙ I23/94.40			K100
4.2.15	湖泊 龙湖——湖泊名称 (咸)——水质	龙湖(咸)				C100 面色 C10
4.3.1	单栋房屋 a. 一般房屋 b. 有地下室的房屋 c. 突出房屋 d. 简易房屋 混、钢——房屋结构 1、3、28——房屋层数 -2——地下房屋层数	a 混1　b 混3-2　 3 c 钢28　d 简　c 28				K100
4.3.19	水塔 a. 依比例尺的 b. 不依比例尺的	a ⊙　b 3.6 2ρ ⊡				K100
4.7.1	等高线及其注记 a. 首曲线 b. 计曲线 c. 间曲线 25——高程	a ~ 0.15 b ~ 25 0.3 c -- 0.15				M40Y100K30

(续)

编号	符号名称	符号样式 1:500	符号样式 1:1000	符号样式 1:2000	符号细部图	多色图色值
4.7.2	示坡线	 0.8				M40Y100K30
4.8.7	成林	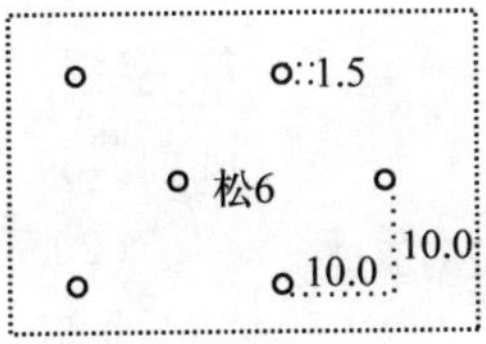	松6 1.5 10.0 10.0			C100Y100
4.8.9	灌木林 a. 大面积的	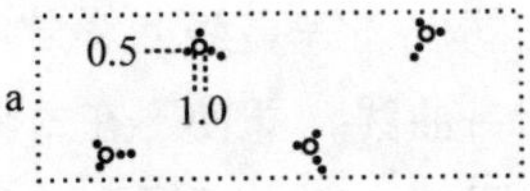 a 0.5 1.0				C100Y100
4.8.15	行树 a. 乔木行树 b. 灌木行树	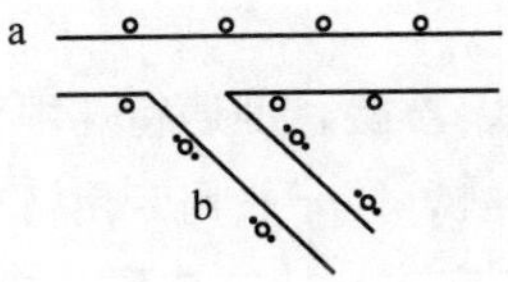 a b				C100Y100
4.8.16	独立树 a. 阔叶 b. 针叶 c. 棕榈、椰子、槟榔	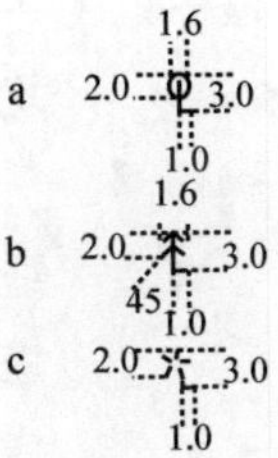 a 1.6 2.0 3.0 1.0 b 1.6 2.0 3.0 45 1.0 c 2.0 3.0 1.0			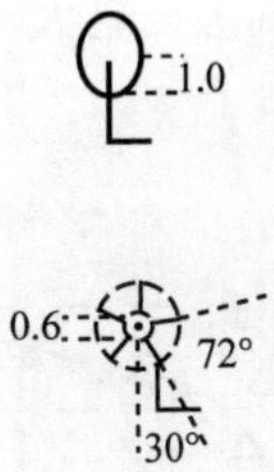 1.0 0.6 72° 30°	C100Y100

2. 地貌符号

地形图上通常是用等高线表示地貌。

（1）等高线的概念　地面上高程相同的相邻各点所连成的闭合曲线称为等高线。

如图 4-2-24 所示，设想一个小山丘被不同高程的几个水平面所截，每个水平面和小山丘的交接线形成一条闭合曲线，每条闭合曲线上的点的高程相同。再将

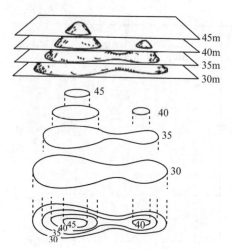

图 4-2-24 用等高线表示地貌的原理

这些曲线投影到同一个水平面上,就得到表示小山丘的若干闭合曲线。将这些闭合曲线的水平投影按一定比例缩绘在图纸上,就得到该小山丘相应的等高线图。

①等高距:相邻两条等高线之间的高差称为等高距,用 h 表示。在同一幅地形图上通常选用统一的等高距。

②等高线平距:相邻两条等高线之间的水平距离称为等高线平距,用 d 表示。等高线平距的大小能够反映地面坡度的缓陡,其关系如图 4-2-25 所示。

(2)等高线的特性

①同一条等高线上各点高程必相等,但是高程相等的点不一定在同一条等高线上。

②等高线是不间断的闭合曲线,即使不在本图幅内闭合,也必然在相邻图幅内闭合。等高线在图中一般不能中断,但遇到符号和注记时,为了图面清晰则需断开。

③等高线一般不能相交、重叠,但遇特殊地貌除外。在悬崖处的等高线有相交,在绝壁处的等高线会重叠,但一般用专用符号表示。

④等高线平距与地面坡度成反比。在同一幅图内,等高线越密集、平距越小,表明地面坡度越大;等高线越稀疏、平距越大,表明地面坡度越小;等高线均匀、平距相近,表明地面坡度均匀。

⑤等高线与山脊线、山谷线、河岸线等成正交。与山脊线相交时,等高线应凸向低处;与山谷线相交时,等高线应凸向高处;通过河流时,等高线应垂直中断在河岸线上。

3. 基本地貌的等高线

地貌的形态错综复杂、千变万化,概括起来主要包括山丘、洼地、山脊、山谷、鞍部、悬崖、绝壁等,如图 4-2-26 所示,它们各自的等高线特征如下:

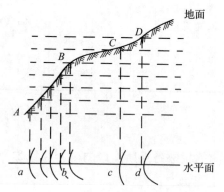

图 4-2-25 等高线平距与坡度的关系

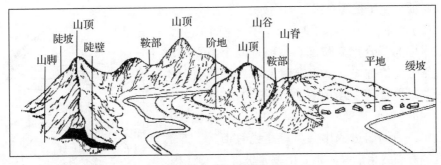

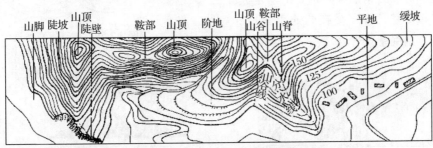

图 4-2-26　用等高线表示各种地貌

（1）**山丘和洼地**　如图 4-2-27 所示，隆起高于四周的地形为山地，其中山体大而陡峻者称为山岭，山体小而平缓者称为丘陵。中间低于四周的凹地，范围大的称为盆地，范围小的称为洼地。

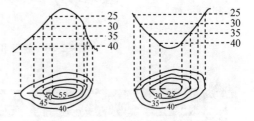

图 4-2-27　山丘、洼地等高线表示

山丘、洼地的等高线都是一组闭合曲线。区分的方法：一是看高程注记数字的变化；二是看示坡线（垂直于等高线的短线）的方向，示坡线用来指示坡度下降的方向。

（2）**山脊和山谷**　如图 4-2-28 所示，从山顶向一个方向延伸的凸起部分称为山脊，山脊上最高点的连线为山脊线，也称为分水线。两个山脊之间的条行低洼部分称为山谷，山谷最低点的连线称为山谷线，也称为集水线。表示山脊和山谷的等高线都是凸形曲线，分别与山脊线和山谷线垂直相交，其中山脊等高

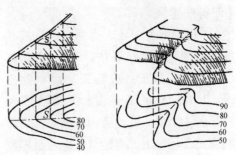

图 4-2-28　山脊、山谷等高线表示

线凸向低处，山谷等高线凸向高处。

（3）鞍部　如图4-2-29所示，介于两个山头之间较平坦的部分称为鞍部。鞍部是两个山脊和两个山谷汇合的地方，其等高线的特点是一圈大的闭合曲线里套有两组小的闭合曲线。

（4）悬崖和绝壁　如图4-2-30所示，悬崖是上部凸出、中间凹进的山头，等高线有相交，下部凹进的等高线用虚线表示。绝壁是坡度在70°以上的陡峭崖壁，等高线在此处密集成一条线，在地形图上用绝壁符号表示。

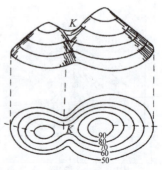

图4-2-29　鞍部等高线表示

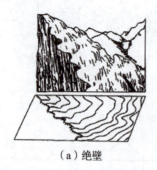
（a）绝壁

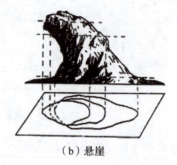
（b）悬崖

图4-2-30　绝壁和悬崖等高线表示

任务三　TKS202全站仪地物点坐标测设

将设计图纸上已经设计好的地面点坐标位置在施工场地上标定出来，这一工作过程称为坐标测设。

【任务描述】

如图4-3-1所示，直线 AB 是施工图纸上的某条建筑基线，A、B 点坐标已知且其位置已经在施工场地标定出来。1、2、3、4 点是设计图纸上方形广场的 4 个顶点且其坐标为已知。现要利用施工场地上已有的 A、B 施工控制点，将方形广场的 4 个顶点坐标测设出来。

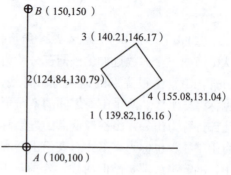

图4-3-1　全站仪地物点坐标测设

【任务目标】

1. 了解地物点坐标测设的含义。
2. 掌握全站仪地物点坐标测设的施测方法及施测流程。
3. 熟练操作全站仪完成地物碎部点坐标测设工作。

【任务流程】

安置仪器、设置测设参数—放样点角度测设—放样点距离测设

【任务实施】

环节一:安置仪器、设置测设参数

①在测站点 A 点安置仪器,开机后,按 MENU(菜单)键,进入"菜单"页面,如图 4-3-2 所示。

②按 F2(放样)键,进入图 4-3-4 所示工作页面。

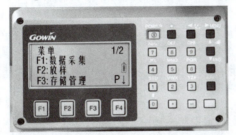

图 4-3-2　菜单选择页面

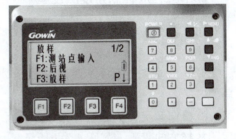

图 4-3-3　放样菜单页面

按 F1(输入)键,输入一个新的文件名。

按 F2(调用)键,从已有文件夹里选择一个。

按 F3(跳过)键,若无需创建文件夹,则按此键。

按 F4(回车)键,若选定屏幕上显示的文件夹,则按此键。

③在图 4-3-4 所示页面中按 F3(跳过)键,返回图 4-3-3 所示页面。

④在图 4-3-3 所示页面中按 F1(测站点输入)键,按照仪器界面要求,依次输入施工控制点 A 点的点号、坐标值、仪器高等数据后,再次返回图 4-3-3 所示界面(参见任务二环节三)。

⑤在图 4-3-3 所示界面中按 F2(后视)键,按照仪器界面要求,依次输入后视 B 点的点号、坐标值(方位角)等数据后,再次返回图 4-3-3 所示界面(参见任务二环节四)。

⑥在图 4-3-3 所示页面中,按 F3(放样)键,进入放样参数输入页面,如图 4-3-5 所示。

⑦在图 4-3-5 所示页面中输入预测设 1 点的点号、坐标值(139.82,116.16)

单元四　坐标测量与测设　　107

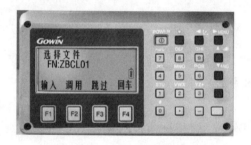
图 4-3-4 放样文件选择页面

图 4-3-5 放样参数输入页面

及仪器高等参数,进入放样元素计算页面,如图 4-3-6 所示。

HR:放样点的水平角计算值。

HD:仪器到放样点的水平距离计算值。

环节二:放样点角度测设

①在图 4-3-6 所示界面按 F1(角度)测量键,进入图 4-3-7 所示页面。

HR:实际测量的水平角值。

dHR:对准放样点仪器应转动的水平角值 = 实际水平角值 – 计算的水平角值。

②操作者旋转望远镜慢慢向 1 点目标棱镜方向瞄准,当 dHR = 0°0′00″时,表明放样方向正确,如图 4-3-8 所示。

图 4-3-6 放样元素计算页面

图 4-3-7 角度放样计算页面

环节三:放样点距离测设

①另一人手持反射棱镜站在望远镜目标方向线上,操作者在图 4-3-8 所示页面上按 F1(距离放样)键,按照仪器提示距离指示另一人前后移动反射棱镜。当屏幕上 dHD = 0 时,则表明 1 点位置测设完成,如图 4-3-9 所示。

②按 F4(继续)键,顺次完成其余几点的坐标测设。

图 4-3-8 角度放样页面

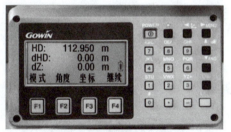
图 4-3-9 距离放样页面

单元小结

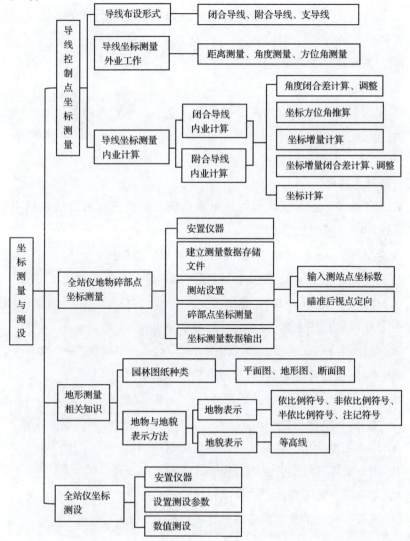

单元四　坐标测量与测设　109

单元练习

一、基本概念

导线测量　闭合导线　附合导线　角度闭合差　坐标增量闭合差　地物　地貌　依比例符号　非依比例符号　等高线

二、填空

1. 在导线坐标测量内业计算中，由导线构成的多边形内角之和理论值应为 $\sum \beta_{理} =$ _____，但由于误差的存在，出现角度闭合差 f_β，则 $f_\beta =$ _____，在普通测量中 $f_{\beta允} \leq$ _____。

2. 在进行闭合导线坐标测量时，规定一律测定闭合导线的_____角。当导线顺时针布设时，则称该角为_____角。

3. 同一条等高线上各点的高程必_____，但是高程_____的点不一定在同一条等高线上。

4. 相邻两条等高线之间的高差称为_____，相邻两条等高线之间的水平距离称为_____。

5. 等高线与山脊线、山谷线、河岸线等_____交。

三、单项选择题

1. 图上不仅表示出测区内地物的平面位置，而且还用等高线表示出测区内的地貌，这种图称为(　　)。

    A. 平面图　　　　B. 地物图　　　　C. 地形图　　　　D. 地图

2. 在进行闭合导线坐标测量时，规定一律测定闭合导线的(　　)。

    A. 外角　　　　B. 左角　　　　C. 右角　　　　D. 内角

3. 独立树在地形图上属于(　　)符号。

    A. 依比例符号　　B. 半依比例符号　　C. 不依比例符号　　D. 注记符号

4. 测绘地物就是将地物的(　　)测定下来。

    A. 特征点　　　　B. 外轮廓点　　　　C. 突出点　　　　D. 弯曲点

5. 下列说法正确的是(　　)。

    A. 地形图上绘出的等高线一定不会中断
    B. 同一条等高线上各点的高程一定相等
    C. 不在同一条等高线上的点高程肯定不相等
    D. 高程不相等的两条等高线一定不会相交

6. 在闭合导线坐标增量的计算过程中，由于误差的存在，出现坐标增量闭合差，则（　　）。

A. $f_x = \sum \Delta x_测 - \sum \Delta x_理$　　　　B. $f_x = \sum \Delta x_测$

C. $f_x = 0$　　　　D. $f_x = f_y$

四、计算题

如下表所列，已知闭合导线各改正后的内角和各边的坐标增量值，请推算各边的方位角（逆时针方向推算），分别计算出纵、横坐标增量总和，纵、横坐标增量闭合差，导线全长闭合差 f，以及导线全长相对闭合差 K。

闭合导线计算表

点号	改正后内角	方位角 α	距离(m)	纵坐标增量 Δx(m)	横坐标增量 Δy(m)
1		60°48′30″	119.18		
2	87°25′08″		91.23		
3	88°36′18″		108.61		
4	98°39′52″		83.88		
5	85°18′42″				
∑					
辅助计算	$f_x =$	$f_y =$	$f =$	$K =$	

五、思考题

1. 简述导线坐标测量的外业工作内容。
2. 简述等高线的主要特性。
3. 简述地物符号的表示方法及主要特点。

单元五
园林工程施工测量

单元介绍
　　园林工程施工测量是指园林工程建设施工过程中所进行的各项测量、测设工作。主要内容包括：施工控制网的测设、施工场地平整测量、园林建筑物定位测设、园路中线定位测设、植物种植点位测设等。
　　本单元围绕园林工程施工点位测量与测设工作组织了2个学习任务，主要学习园林植物种植点位测设、园林施工场地平整测量。

单元目标
1. 掌握园林工程点位测设的基本方法。
2. 熟练利用点位测设的基本方法完成园林工程建筑、植物点位的测设。
3. 初步掌握园林施工场地的平整测量工作。

任务一　园林植物种植点位测设

在园林种植工程施工过程中，测定园林植物种植点平面位置的方法主要有极坐标法、支距法、角度交会法及距离交会法。

【任务描述】

如图 5-1-1 所示，一块矩形绿地上设计种植 4 棵雪松，且 A、B 两点作为该绿地的施工控制点已经在施工现场标定出来，现需要将图上设计好的雪松种植点位在施工现场测设出来。

【任务目标】

1. 理解园林植物种植点位测设的含义。
2. 掌握园林植物种植点位测设的基本方法。
3. 熟练完成园林植物种植点位测设的具体操作。

【任务流程】

极坐标法测设植物 1 点位—支距法测设植物 2 点位—距离交会法测设植物 3 点位—角度交会法测设植物 4 点位

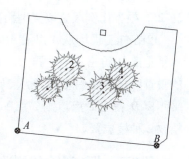

图 5-1-1　园林植物种植点位测设

【任务实施】

环节一：极坐标法测设植物 1 点位

如图 5-1-2 所示：

①在施工平面图上查得现场施工控制点 A 点和植物 1 点的坐标值 (x_A, y_A)、(x_1, y_1) 及 AB 的坐标方位角 α_{AB}。

②计算测设数据。

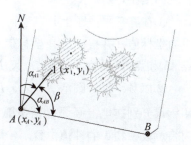

图 5-1-2　极坐标法测设植物 1 点位

计算 A1 的坐标方位角 α_{A1}：

$$\alpha_{A1} = \arctan \frac{y_1 - y_A}{x_1 - x_A}$$

计算 A1 与 AB 的夹角 β：

$$\beta = \alpha_{AB} - \alpha_{A1}$$

计算点 A1 的水平距离 D_{A1}：

单元五　园林工程施工测量　115

$$D_{A1} = \sqrt{(x_1 - x_A)^2 + (y_1 - y_A)^2}$$

小贴士：

一般绿化工程测设的精度要求比土建工程低，因此，以上的 β、D_{A1} 的数值也可以直接在图纸上量取获得。

③将经纬仪安置于 A 点上，测设水平角使 $\angle 1AB = \beta$，定出 $A1$ 方向线，在 $A1$ 方向线上测设距离 $A1 = D_{A1}$，则 1 点即为待测设的植物 1 种植位置。

环节二：支距法测设植物 2 点位

如图 5-1-3 所示：

①在施工平面图上过 2 点作 AB 的垂线 $2 - 2'$，根据比例尺量取实地距离 D_1 和 D_2。

②在施工现场从 A 点沿 AB 方向测设出水平距离 D_1 得出 $2'$ 点，再过 $2'$ 点测设出 AB 的垂直线，最后沿垂直线从 $2'$ 点测设出水平距离 D_2 得出 2 点，则 2 点即为待测设的植物 2 种植位置。

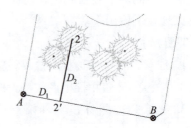

图 5-1-3 支距法测设植物 2 点位

环节三：距离交会法测设植物 3 点位

如图 5-1-4 所示：

①在施工平面图上分别查得 3、A、B 点平面坐标值，并根据已知坐标值分别计算出点 $A3$ 和点 $B3$ 的水平距离 D_{A3} 及 D_{B3}。

②以 A、B 为圆心，D_{A3} 及 D_{B3} 为半径，用钢尺分别在地上画弧，两条弧线的交点即为待测设植物 3 的种植位置。

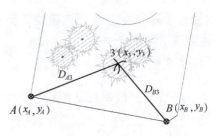

图 5-1-4 距离交会法测设植物 3 点位

环节四：角度交会法测设植物 4 点位

如图 5-1-5 所示：

①在施工平面图上分别查得 3、A、B 点平面坐标值，并根据已知坐标值分别计算出 $A4$ 与 AB 的水平夹角 β_1 及 $B4$ 与 BA 的水平夹角 β_2。

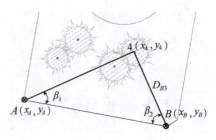

图 5-1-5 角度交会法测设植物 4 点位

②将两台经纬仪分别安置于 A、B 两点上,并分别测设出 $\angle 4AB = \beta_1$、$\angle 4BA = \beta_2$。

③一人手持一根测钎,在两方向线交汇处移动,当两经纬仪能同时看到测钎尖端,且均位于两经纬仪十字丝纵丝上时,该点即为待测设植物 4 的种植位置。

【技能拓展】其他园林工程施工点位测设

一、小园路中线测设

园路中线放样就是把园路中心线的交叉点、转弯处和坡度变化点的位置在实地测设出来。园林中的小园路多为游步道,曲折转弯比较多,因此其放样测量精度一般都比较低。

①在工程施工图上确定出园路中线点的位置。

②根据图上中线点与原地形图控制点或其他现状地物、明显地物的距离和角度关系,用极坐标或支距法、交会法等方法把园路中线点位置在实地上逐点测设出来,并打桩标定,此桩称为中心桩。

③中心桩的间距一般在 20m 左右为宜,按顺序编号,如图 5-1-6 中 1、2、3、…、8 点,这样,中线的位置在实地就定了出来。

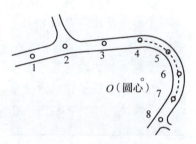

图 5-1-6　园路施工放样

④用水准仪测设出各桩点的设计高程及填挖高度,并标注于木桩侧面。

⑤对于精度要求较高的弧形园路,一般根据设计图纸上给出的曲线半径和圆心位置,先在地面上测设出圆心 O,然后用皮尺按照设计半径 R 的长度在实地画出圆弧,在圆弧上定出几点或撒上白灰线,如图 5-1-6 中所示圆心 O 点及 4、5、6、7 点。

二、堆山或微地形测设

堆山或微地形放样可用极坐标法、支距法、交会法或方格网法等,如图 5-1-7 所示。

①利用控制点 A、B 测设出设计图中假山最外圈等高线的各转折点(图 5-1-7 中 1、2、3、…、14 各点),然后将各点用平滑曲线连接,并用石灰或绳索加以标定。

②利用附近水准控制点测出 1~14 各点的设计标高,若高度允许,可在各桩点插设标杆划线标出。

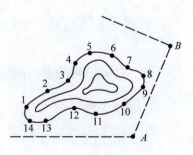

图 5-1-7　堆山测设

③若山体较高,可在桩的侧面标明上返高度,供施工人员使用。

小贴士:

①一般情况下,人工堆山的施工多采用分层堆叠,因此在堆山的放样过程中也可以随施工进度随时测设,逐层打桩,直至山顶。

②用机械(推土机)堆土,只要标出堆山的边界线,司机参考堆山设计模型,就可堆土。等堆到一定高度以后,用水准仪检查标高,对不符合设计的地方,人工加以修整,使之达到设计要求即可。

三、挖湖等水体测设

挖湖或开挖水体的测设与堆山的测设方法相似。

①把水体周界的转折点测设在地面上(如图5-1-8所示的1、2、3、…、30各点)。

②在水体内设定若干点位(图5-1-8中①~⑥各点),打下木桩。

③根据设计给定的水体基底标高在桩上进行测设,划线注明开挖深度。

④在施工中,各桩点不要破坏,可留出土台,待水体开挖接近完成时,再将此土台挖掉。

⑤可按设计坡度制成边坡样板置于边坡各处,以控制和检查各边坡坡度,如图5-1-9所示。

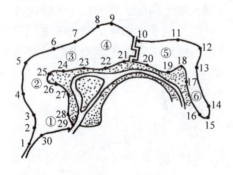

图5-1-8 水体测设

图5-1-9 水体边坡样板

四、群植植物的点位测设

1. 丛植测设

丛植种植就是把几株或十几株甚至几十株乔木、灌木配植在一起,树种一般在2种以上。定位时,先把丛植区域的中心位置(或主树位置)用极坐标法、支距法或距离交会法测设出来,再根据中心位置(或主树位置)与其他植物的方向、距离关系，定出其他植物种植点位置，打桩标记，并在桩上注明植物名称、规格及挖穴范围。

2. 行（带）植测设

道路两侧的绿化树、中间的分车绿化带和房屋四周的行道树、绿篱等都属于行（带）种植。定位时，根据现场实际情况一般可用支距法或距离交会法测设出行（带）植范围的起点、终点和转折点，然后根据设计株距的大小定出单株的位置，做好标记。

3. 模纹图案的测设

图案整齐、线条规则的模纹绿地，要求图案线条放线时准确无误，对放线的要求极为严格，对于大型的模纹绿地种植图案，可采用方格网法测设其形状，如图 5-1-10 所示。

具体做法是：在图上画 5m（或 10m）的方格网，分别将模纹图案的外边界与方格网交点的纵横坐标按其在方格中的

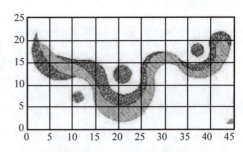

图 5-1-10　模纹图案放样

比例算出，标注于图上。然后在实地对应位置用白灰打上方格网，将图中各交点标定在地面相应方格位置上，并将地面上相邻点按图上形状连成平滑曲线，然后撒上白灰，供施工使用。

任务二　方格网法水平场地平整测量

在园林工程施工中，通常遇到诸如花园广场、运动场、停车场等一些平坦场地的施工，需要将施工范围内的自然地面通过人工或机械填挖平整改造成设计所需要的平地。对于地貌起伏不大或地貌变化有规律的地区，最常用的场地平整方法是水准仪方格网法。

【任务描述】

如图 5-2-1 所示，现要在起伏不平的施工场地上开辟一块平坦区域建设一个休闲铺装广场，要求用水准仪方格网法（方格间距 20m）测定现有地面高程数据，计算出该地块的设计高程，并估算该地块整平施工的土方量，做到土方平衡。

【任务目标】

1. 理解设计高程、填挖高、施工零点线的相关概念。
2. 掌握利用水准仪进行平坦地面整平测量的工作步骤。

3. 能够熟练、正确完成平坦地面整平的土方工程量计算，并做到土方平衡。

【任务流程】

在施工场地布设方格网—用水准仪测量各方格点的高程—计算设计高程（平均高程）—计算各方格点的填、挖施工量—计算施工零点位置，绘制填、挖边界线—估算工程土方量

【任务实施】

环节一：在施工场地布设方格网

①在待平整的土地边缘（或中间）定一条基准线，如图 5-2-2 所示的 $A_0 - E_0$ 线。

②沿基准线一端（如 A_1 点）开始，每隔 20m 距离在地面钉一个木桩，得出 A_1、B_1、C_1、D_1、E_1 各点。

③在各桩点上利用钢尺根据勾股定理定出基准线的垂直方向（精度要求高时，可用经纬仪定线），在其方向线上每隔 20m 钉一个木桩，并给每个木桩编号，在地面布好方格网。

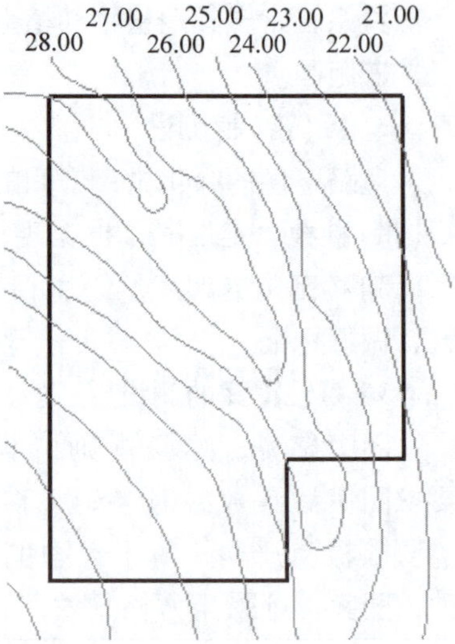

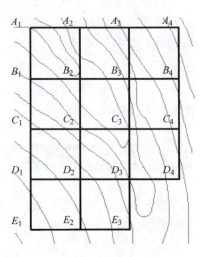

图 5-2-1　园林场地平整测量

图 5-2-2　布设方格网

知识链接：

1. 方格网布设大小：方格网分格的大小视施工方式及地面起伏状况而定。人工施工或地面起伏大，布设的方格小；反之，布设方格大。一般为 10m、20m、30m、40m、50m 等。

2. 方格网木桩的编号：通常纵向按 A、B、C、D、…编号，横向按 1、2、3、4、…编号。每一个桩都有一个特定的编号，如 A_1、B_2、D_{10}、G_3 等。在施工现场用红磁油将编号分别写到木桩上。

环节二：用水准仪测量各方格点的高程

①在施工场地之外布设高程控制点（可采用国家高程系引点，或采用假定高程系布点）。

②根据高程控制点的高程，操作水准仪利用水准测量的方法依次测定出方格网各桩点的地面高程，如图 5-2-3 中各方格线上方数值。

小贴士：

①测量时，水准尺应立在桩位旁且在具有代表性的地面上(特别是桩位恰好落在局部的凹凸处时)，读数至厘米即可。

②若有精度满足要求的大比例尺地形图，则上述两环节的工作步骤可在地形图上完成。即在地形图上拟平整的区域内绘制方格网，再根据图上等高线分别求出各方格点的高程。

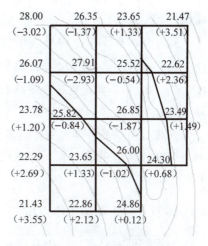

图 5-2-3　方格点高程测量、施工量计算、施工分界线绘制

环节三：计算设计高程(平均高程)

对于水平地面的整平，通常是用该地块的平均高程作为场地整平的设计高程。

平均高程用加权平均的方法计算。即平均高程等于各方格平均高程的算术平均值(各方格平均高程相加除以方格数)，而每1方格的平均高程等于该方格4个点高程相加除以4。

据此得出以下计算公式：

$$H_{设} = \frac{1}{4N}(\sum H_{角} + 2\sum H_{边} + 3\sum H_{拐} + 4\sum H_{中})$$

式中，$\sum H_{角}$、$\sum H_{边}$、$\sum H_{拐}$、$\sum H_{中}$ 分别为各角点、边点、拐点、中点的高程总和；N 为总方格数。

根据图 5-2-3 中各方格点的高程数值，计算出该地块的设计高程如下：

$H_{设} = \frac{1}{4 \times 11}[(28\mathrm{m} + 21.47\mathrm{m} + 24.3\mathrm{m} + 24.86\mathrm{m} + 21.43\mathrm{m}) + 2(26.35\mathrm{m} + 23.65\mathrm{m} + 22.62\mathrm{m} + 23.49\mathrm{m} + 22.86\mathrm{m} + 22.29\mathrm{m} + 23.78\mathrm{m} + 26.07\mathrm{m}) + 3 \times 26\mathrm{m} + 4(27.91\mathrm{m} + 25.52\mathrm{m} + 25.82\mathrm{m} + 26.85\mathrm{m} + 23.65\mathrm{m})] = 24.98\mathrm{m}$

环节四：计算各方格点的填、挖施工量

各方格点的填、挖工程量 h 是各方格点的设计高程与地面高程之差，即：

$$h = H_{设} - H_{地}$$

$h<0$，表示该桩点高于平均高程，属于挖方；$h>0$，表示该桩点低于平均高程，属于填方。

将各方格桩点的填、挖工程量标注在相应的方格点上，如图 5-2-3 中带括号的数值。

知识链接：

在方格网桩点中，四周只有1个方格的点称为角点，如图5-2-2中的A_1、A_4、D_4、E_1、E_3点；四周有2个方格的点称为边点，如图中的A_2、A_3、B_1、B_4、C_1、C_4、D_1、E_2点；四周有3个方格的点称为拐点，如图中的D_3点；四周有4个方格的点称为中点，如图中的B_2、B_3、C_2、C_3、D_2点。

在设计高程的计算过程中，各个角点的高程在计算中只用过1次；各个边点的高程在计算中用过2次；拐点的高程被用过3次；中点的高程则分别被用过4次。

环节五：计算施工零点位置，绘制填、挖边界线

当相邻两方格点填、挖高符号不相同时，则方格边线上一定有一个不填、不挖的点(零点)。零点位置可目估确定，也可按比例计算确定。

比例确定法：设方格边长为L，某一方格边的零点离方格点的距离为x，则：

$$x = \frac{|h_1|}{|h_1|+|h_2|} \times L$$

根据计算结果在方格网上绘出各零点位置，各相邻零点的连线即为开挖线，如图5-2-3中的虚线所示。

环节六：估算工程土方量

填、挖工程量可按下式估算：

$$V_{挖} = \frac{S}{4}(\sum H_{角挖} + 2\sum H_{边挖} + 3\sum H_{拐挖} + 4\sum H_{中挖})$$

$$V_{填} = \frac{S}{4}(\sum H_{角填} + 2\sum H_{边填} + 3\sum H_{拐填} + 4\sum H_{中填})$$

式中，S为一个方格的面积。

根据图5-2-3中的各方格点施工量，估算出该地块的土方工程量如下：

$$V_{挖} = \frac{400m}{4}[3.02m + 2(1.37m + 1.09m) + 3 \times 1.02m + 4(2.93m + 0.54m + 1.87m + 0.84m)] = 3572m^3$$

$$V_{填} = \frac{400m}{4}[(3.55m + 0.12m + 0.68m + 3.51m) + 2(1.33m + 2.36m + 1.49m + 2.12m + 2.69m + 1.2m) + 4 \times 1.33m] = 3556m^3$$

填、挖基本平衡，说明计算无误。

单元小结

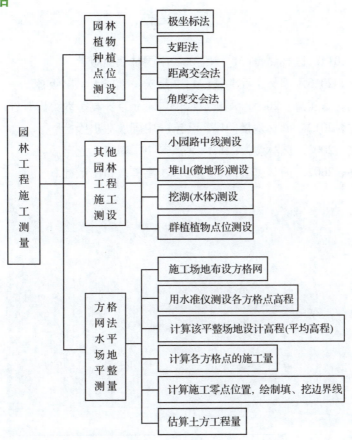

单元练习

一、简答题

园林工程施工点位测设的基本方法有哪些？各适合在什么施工条件下运用？

二、计算题

如右图所示，欲将 A、B、C、D 所围合成的地面平整为一个水平地面，地点方格网边长为 20m。试用目估法确定各方格点的地面高程，并计算设计高程，各方格点的填、挖施工量，以及填、挖方总量。

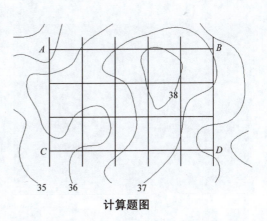

计算题图

参考文献

陈涛，2014．园林测量[M]．北京：中国林业出版社．
古达华，2015．园林工程测量[M]．重庆：重庆大学出版社．
王黎明，陈正耀，2005．测量放线[M]．北京：高等教育出版社．
肖振才，2012．园林测量[M]．北京：中国农业出版社．
张培冀，2008．园林测量[M]．北京：中国建筑工业出版社．
郑金兴，2002．园林测量[M]．北京：高等教育出版社．